U0200954

城市设计

与

历史文脉

Urban Design and
Urban Context

The Review of the Transformation
in Beijing Historical Districts from Artistic Perspective

从艺术视角审视
北京历史城区的变迁

蔡青 著

中央编译出版社
CCTP Central Compilation & Translation Press

图书在版编目 (CIP) 数据

城市设计与历史文脉：从艺术视角审视北京历史城区的变迁／蔡青著 . —北京：
中央编译出版社，2017.7
ISBN 978-7-5117-3316-0

Ⅰ. ①城…

Ⅱ. ①蔡…

Ⅲ. ①城市建设－城市史－研究－北京

Ⅳ. ① TU984.21

中国版本图书馆 CIP 数据核字 (2017) 第 086797 号

城市设计与历史文脉：从艺术视角审视北京历史城区的变迁

出 版 人：葛海彦
出版统筹：贾宇琰
责任编辑：朱瑞雪
责任印制：尹 珺
出版发行：中央编译出版社
地　　址：北京西城区车公庄大街乙 5 号鸿儒大厦 B 座 (100044)
电　　话：(010) 52612345（总编室）　　(010) 52612341（编辑室）
　　　　　(010) 52612316（发行部）　　(010) 52612317（网络销售）
　　　　　(010) 52612346（馆配部）　　(010) 55626985（读者服务部）
传　　真：(010) 66515838
经　　销：全国新华书店
印　　刷：北京佳信达欣艺术印刷有限公司
开　　本：710 毫米 ×1000 毫米　1/16
字　　数：290 千字
印　　张：19.75
版　　次：2017 年 7 月第 1 版
印　　次：2017 年 7 月第 1 次印刷
定　　价：68.00 元

网　　址：www.cctphome.com　　邮　　箱：cctp@cctphome.com
新浪微博：@ 中央编译出版社　　微　　信：中央编译出版社（ID：cctphome）
淘宝店铺：中央编译出版社直销店 (http://shop108367160.taobao.com) (010) 55626985
本社常年法律顾问：北京市吴栾赵阎律师事务所律师　闫军　梁勤
凡有印装质量问题，本社负责调换，电话：(010) 55626985

前　言

　　城市自诞生之日起就与设计有着不解之缘，关于城市设计的不同认识和见解也始终伴随着城市的发展，长期以来，人们以不同的观念理解和解释城市，从不同的视角设计和营建城市，不同的设计导向逐渐衍生出各类形态的城市，如：遵循礼制、等级和规制营建的城市；由商埠逐渐发展而成的城市；从军事卫所演化形成的城市；因产业聚集而逐渐成形的城市等。然而，这些不同的城市类型体现的只是其特定时期的功能特征，随着时代的发展和社会需求的变换，城市功能必然面临调整与转型，城市组织系统之间也因此而不可避免地出现无序结构，在城市这个集自然、物质和人文元素的综合体中，仅靠系统的自组织能力而形成默契、协调的有序架构几乎是不可能的。2015 年 12 月 20 日至 21 日在北京举行的中央城市工作会议也指出，"城市工作是一个系统工程"。应"尊重自然、顺应自然、保护自然，改善城市生态环境，在统筹上下功夫"。因此，在繁杂的设计系统中确立一个能够统筹、整饬全局的主导元素，明确设计导向，是城市快速发展时期面临的一个紧迫问题。

　　本书以城市设计为研究课题，从艺术视角重新审视和思考古都北京设计文脉的发展与城市环境的演变，并以历史城区为例，指出当代北京城市艺术环境的状况与城市设计存在的问题，并对半个多世纪以来城市环境的演变进行了反思，认为"艺术观念"的缺失是导致城市环境无序发展的主要因素，我们的城市因此而失去传统、失去特色、失去文化，作为城市灵魂的艺术特征也逐渐消逝。就现状而论，当代北京城市设计缺少的是一种整体的、多维的、具有"大设计"视野的艺术观念。

习近平同志 2014 年在北京市考察工作时曾指出："历史文化是城市的灵魂，要像爱惜自己的生命一样保护好城市历史文化遗产。北京是世界著名古都，丰富的历史文化遗产是一张金名片，传承保护好这份宝贵的历史文化遗产是首都的职责，要本着对历史负责、对人民负责的精神，传承历史文脉，处理好城市改造开发和历史文化遗产保护利用的关系，切实做到在保护中发展、在发展中保护。"

2015 年的中央城市工作会议强调"尊重城市发展规律"，认为"城市发展是一个自然历史过程，有其自身规律"。城市要顺应自身规律来构筑属于自己的设计体系，使其能够通过设计实践有效地解释现代生活，以避免在现实面前，或一味守旧，或无视传统。新时期的城市需要一种多样、持续的发展态势，需要从新的视角审视和发掘城市设计的多维艺术价值，并通过对城市深层文化的研究，诠释多学科协同设计的意义，从广义设计的视角去发掘形式与本质的内在连接方式，探求设计艺术在历史与现实之间的传承机制，以宏观的视野、系统的理念、整合的态度、联系的思维去理解和看待城市设计，在艺术原则下完成新时期城市的再定位、再塑造和再发展。

目前，关于城市艺术设计的研究还存有空白，由于对设计属性认识不清，设计核心的定位也不明确，因而艺术在城市设计中的主导地位始终未得到确定，以致城市历史环境保护与新时期城市建设之间的矛盾长期存在。

当代城市的现状也使我们看到了城市设计研究的空间与重要性，只有将城市设计的导向和属性问题作为课题深入研究，取得具有应用价值的成果，确立"艺术主导城市设计"这一具有建设性的设计方向，才能使艺术理念真正融入城市发展机制。

本书认为"艺术是城市设计的根本属性"，并基于此观点提出统一的、概念密集的"艺术核心论"，强调城市设计应以"艺术"为核心，整体统筹与整饬复杂的设计系统，不断增强和维持城市的艺术生命力。同时针对北京历史城区环境发展进程中存在的现实问题，在艺术观的主导下提出城市环境建设的发展思路与对策，既有针对性和典型性，也具有广泛的社会意义。

　　"城市艺术设计"是新时期城市发展进程中一个亟待深入研究的课题，只有充分认识和厘清城市设计与城市历史文化的关系，才能有效地推动城市艺术文脉的传承与发展。

蔡青

2017 年 3 月

目 录

城市艺术环境现状与城市设计的问题

我们目前所面对的很多城市现象和问题在人类历史上是从未经历过的，也就是说，我们并非真正懂得如何解决这些问题（除了表面上解决的问题）；我们需要按照人们的普遍理解来重新定义问题，这样才能挖掘出导致问题的根本原因，而不是仅仅停留在问题的表面。

——约翰·弗里德曼（John Friedmann）

第一章 绪 论

问题缘起

当代城市建设的无序发展，使北京这座历史城市的艺术生态环境面临前所未有的危机，"城市艺术意识"的不断淡化，无疑是形成这一现象的主要原因。因此，深感城市艺术设计理论研究的必要和紧迫，特别是从艺术视角重新审视城市环境和城市设计，深入研究长期被忽视的城市设计属性问题，已为当务之急。

此选题主要缘于两个方面：

从历史的视角看，北京的城市环境有着独特的艺术价值，然而，近现代以来，有关城市艺术设计层面的问题极少受到关注，遑论对城市设计属性问题的研究。目前重要的是重新审视城市环境的演变和城市设计问题，通过历史、美学等多层面的研究，建构新的理论框架。

从发展的视角看，北京已经确定建设"世界一流水平现代化国际大都市"的战略，然而，这座正向"国际大都市"发展的城市却不断出现建设中的问题。由于世界经济技术一体化的影响，以及中国经济的崛起，城市建设呈现高速发展之势。在文化趋同和一些狭隘的"现代观念"影响下，人们热衷于克隆式的城市发展模式，大量所谓的"现代"符号被竞相复制，本应是一个对比过程的中外文化艺术交流，却演变为同质化的过程。我们的城市因此失去特色、失去文化、失去传统，作为城市灵魂的艺术特征也逐渐消逝。就现状而论，当代北京的城市设计缺少一种整体的、多维的、具有"大设计"视野的艺术理念。狭隘的思路、功能至上的观念、拘于器物层面的思考、缺少深层文化内涵的符号式设计使北京的传统城市风貌面临空前危机。保持城市的艺术个性，建构城市设计的艺术主导机制，形成艺术统筹城市设计的发展模式，是目前迫切需要研究解决的问题。

目前，关于城市设计属性的研究尚未有令人信服的成果，由于对城市艺术设计这一概念认识的不足，致使历史城市艺术环境保护与新时期城市建设之间的矛盾长期存在，令人忧虑的现状也使我们看到了城市设计根本属性问题研究的空间与必要性。

历史城市需要构筑属于自己的设计理论体系，以使其在设计实践中能够有效地解释现代生活，而不是在面对现实问题时，或一味因循守旧，或完全无视传统。历史城市需要的是一种多样的、持续的发展态势，需要从一个新视角审视和发掘历史城市设计的多维艺术价值，并通过对城市深层文化的认识和研究，诠释多视角、多学科协同设计的意义，通过阐释城市的"大艺术设计"理念，从广义设计的视角去发掘形式与本质的内在连接方式，探讨艺术设计在历史与现实间的传承机制，以宏观的视野、系统的理念、整合的态度、联系的思维去理解和看待城市艺术设计问题，完成新时期对城市传统文化的再定位、再塑造和再发展，将历史城市艺术设计的研究转到现代学术方向，为城市艺术设计的发展探索一条传统与现代兼容的通道。

从以上两方面看，只有将城市设计的艺术属性问题作为课题深入研究，取得具有应用价值的成果，明确具有建设性的城市设计方向，才能使艺术主导设计的理念融入城市发展机制。

从新视角审视城市设计

/ 以北京历史城区为研究范畴

本书以城市为研究对象，并以历史城市北京为例，在理论层面对其历史城区环境的演变及设计的艺术特性进行研究，内容涉及历史文化、城市设计、艺术理念、存在的问题及对策、未来发展方向等。研究范围设定为与北京历史城区相关的艺术理论与设计实践，包括：北京传统城市营建理念、城市演进历程、城市艺术设计、城市艺术环境等方面。年代涉及元、明、清、中华民国、中华人民共和国等历史时期，历时七百四十余年。对传统城市艺术研究的立足点定位于元、明、清三代，在城市设计的范畴探究其艺术理念。中华民国时期及中华人民共和国成立后的前40年，在文中属于过渡阶段，旨在表述历史的真实性和延续性。而关于改革开放以后的北京城市生态状况，则主要通过揭示大规模城市改造存在的问题，分析其在艺术环境方面的得失，借此提出城市艺术设计理论研究方面的见解，以期在多元的北京城市文化与"现代化国际大都市"建设之间建立可持续发展的文化传承模式。

/ 从艺术视角审视城市的设计导向

本书研究"城市艺术设计"的意义，主要在于选取一个新的视角去审视城市设计问题，通过梳理、整合设计元素间的关系，探究城市设计的根本属性所在，进而深化和完善城市设计理论。研究"城市艺术设计"的意义还在于通过对艺术设计理论的深化研究，促使我们在现实生活里能够主动以艺术的眼光观察城市现象，在实际工作中能够主动用艺术的思维关注城市的设计，在思想观念上能够站在艺术的高度审视城市的历史、演变和发展问题。

在当代城市建设实践中，我们经常看到由于观念的褊狭而导致的现实问题。当一个民族大力倡导现代化，而其标准又是建立在西方文化认同的基础之上，后果不仅会与传统决裂，而且还将远离民族。本书从设计实践出发，提出新的思维模式，将城市设计从不同专业的本位性研究转换为对共有属性的研究。

在广义设计的视野下，设计不只局限于专业人员，它还是一种涉及多种方式的人类基本行为。将"城市设计"作为课题研究，就是要推动社会理性地认知设计、理解设计，建构一个清晰的设计理念。

二十世纪中叶以来，中国在城市设计研究方面，既没有自觉地将当代城市环境的现实问题作为设计理论研究对象，也没有站在现实的立场上对城市环境问题进行理性总结。因此，即便城市的设计者具有了一定的现代意识，这种意识也会因为没有真正对应现实而得不到应有的体现，甚至还会在曲解中失掉它原有的积极意义。

本书的研究价值还在于引导人们在城市设计实践中主动从艺术视角审视传统及面对现实，在多重领域的动态交互中不断发现新问题，继而以艺术为导向，动态地研究解决城市发展中的问题，关注新的审美现象，总结新的审美经验，不断探究新的艺术理论。在传统城市设计文化与未来"现代化国际大都市"环境建设之间建构一种良性的、可持续发展的艺术传承关系。

/ 城市艺术设计的研究思路

第一章绪论，主要为问题的缘起、研究内容、研究范围、研究方法与理论创新等内容。

第二章记述了在当代城市快速发展背景下，北京的城市环境现状和城市设计面临的问题，指出由于城市建设的无序发展，城市艺术生态环境面临严重危机。

第三章回顾了二十世纪五十年代以来北京城市发展的几个阶段，在对前面提出的城市环境问题进行反思的基础上，深刻剖析了产生问题的思想根源和社会原因，指出城市发展的历史性失误及当代城市设计的误区是造成城市建设乱象的根源。总之，"艺术意识"的缺失、城市发展战略与设计导向的偏差是城市环境危机始终存在的症结。

第四章提出广义设计思维下的艺术主导理念，艺术的主导性体现在以开放的视野看待城市设计，首先是城市诸系统在工艺层面的对话与交流，并在艺术融通下形成不同学科交叉的宏观"合力"，最后在艺术形式层面完成整合。提出艺术主导设计的概念，并以此作为解决城市环境问题的前设理论，改变"为功能而设计"的思维定式，将设计的思考模式由"单向思维"转向由艺术主导的"联系思维"。

第五章从理论研究层面出发，解读了"城市设计""城市艺术""城市设计艺术属性"等文中所涉及重要名词的特殊语意及相互之间的关联性，并对城市设计问题进行了哲学层面的思考，阐释了艺术作为人类发展根源之一的观念。这些理论研究既对研究城市设计问题具有指导意义，同时也是对城市普遍问题的哲学性解析。

为了更深入地理解"艺术"，更准确地解读设计的"艺术属性"问题，第六章从美学视角对艺术属性做了深层的解析，文中涉及了中国传统美学和西方现代美学等学说，希望通过比较、分析和解读，以及不同理论间的碰撞与交融，在理论层面对"艺术属性"的认识有更丰满的收获。这些哲学与美学层面的研究不仅使选题更具深度和思辨性，也使城市设计的概念更加充实。

第七章和第八章作为对前述城市设计论点的研究论证，主要表述了不同语境下城市艺术设计的方法和理论建构，从历史发展的角度解读城市设计与艺术的关联性，在审美层面对城市的"艺境"进行探究，通过对城市艺术环境与中国传统园林审美精神内在关系的诠释，明确了艺术思维对城市设计的潜在影响，并通过对城市、建筑与园林等不同艺术主题的分析、论证，以及对北京不同历史时期城市营造理念的多层面研究，从艺术视角重新审视历史城市的环境设计问题。

第九章从地缘生态角度对北京的城市设计进行了研究，指出具有北京地域文化特点的政治、道德、世俗等以一种艺术的形态在城市情境中得到表述，而礼制、信仰、习俗等地域人文元素亦生动地展现在城市建筑、城市景观及各类城市艺术形式上，地缘艺术使我们对城市审美增添了更形象、更广泛的认知。通过对传统设计观念的重新认识，笔者对城市艺术意识、城市艺术化、城市艺境、城市艺术情境化等前设的艺术设计概念做了进一步研究和归纳，为"艺术核心"理论的建构提供了坚实的基础。

为了使研究结果更客观、准确，笔者在运用上述传统研究方法"自上而下"建构理论的同时，还借鉴了与传统研究思路不同的"自下而上"的理论建构方法。第十章根据艺术设计自身的特性，借鉴"质的研究方法"对选题进行研究，即没有前设理论，直接从原始资料中归纳出概念，自下而上地建构理论，经"实质理论（过渡理论）"，最后上升到"形式理论（终点理论）"。从研究过程看，这一研究方式涉及内容广泛而丰富，对解析艺术设计问题具有独到之处，针对性也更强。这一研究方法的尝试，还形成了对城市设计问题的比较和交叉论证，也使最终的研究结果更扎实可靠。

第十一章列举了一些世界上具有代表性的城市作为艺术多样化发展的典型案例，并在艺术发展理念与艺术保护实践等方面进行比较性研究，认为城市设计的多样性也是其艺术属性的体现。多样的艺术形式是各民族能够表达并同他人分享自己思想和价值观的重要因素，艺术的多样性也为我们带来了丰富多彩的城市风貌。本章对艺术多样性的分析，不仅对广义城市艺术设计理念具有补充作用，也是对城市设计核心问题的进一步研究。这部分内容主要是希望通过分析不同历史城市的艺术设计思想，从传统城市设计理念中获取实证，支持城市艺术设计理论的研究。

第十二章中明确指出了"艺术核心论"的学术价值，强调开拓艺术思维主导的城市设计之路，同时在"艺术核心论"主导下，针对新时期北京的城市艺术环境状况与城市设计问题提出了探索性的思路与对策。

结语对研究的创新点进行了总结，并指出从艺术视角研究城市设计及其艺术属性是当前的一个重要课题。最后还提出了本书的局限性及需要进一步深入研究的问题。

城市设计观念和研究方法

/ 关于城市设计的观点

"艺术是城市设计的根本属性"是本书提出的主要观点。笔者认为"艺术"既是城市设计这一创造性行为过程的原则和主导思想，又是城市整体物质环境的非物化属性，主张通过解析、探究城市设计的本质性问题，明确城市设计的"根本属性"，确立艺术在城市设计中的"核心主导地位"。

本书立足艺术视角，结合"艺术主导城市设计""城市艺术化""城市艺术意识""城市艺境""城市艺术情境化"等设计概念，深入分析论证城市设计的"核心"问题。

目前，遵循"艺术"思维对城市设计问题深入研究的不多，也鲜见对城市这个繁杂、庞大体系"设计核心"问题的潜心探究，更遑论思考潜隐于设计表象下的"根本属性"。鉴于此，研究城市设计的"属性"问题，明确"艺术"在城市设计中的"核心主导地位"，被定为本书的主要研究方向。

在经过广泛深入的调查、分析与研究后，本书最终提出"艺术核心论"。不仅诠释了城市设计的艺术属性问题，也在广博的城市设计范畴中确立了艺术的核心主导地位。如果经过实践检验，证明这一研究成果既填补了城市设计理论研究的空缺，又解决了当前城市设计导向不明确的问题，从而使城市设计无序发展的状况有所改观，那么也就证实了此项研究所具有的创新价值及现实意义。这对城市艺术设计理论的发展，对传统城市艺术脉络的延续与再生，以及未来城市艺术化建设都具有重要的意义。

/ 关于城市设计研究方法的探索

本书针对城市设计的多维性和艺术自身特性，拟采用不同的研究方法，以达到对研究对象更深入、更全面的认知。在研究过程中始终坚持不断比较和交叉互证的方法，坚持客观素材与研究方法相结合，以探寻城市艺术设计理论研究的新思路。

城市设计是一项理性与感性交融的多维系统工程，任何单一的学术观点或研究方法都难以全面、客观地解释其"属性"问题，因此，本书将关于城市设计的研究建立在广义的、联系的理论研究方法之上。

设计学科研究的终点往往是美学研究的起点，而美学研究的成果又会为设计研究提供新的视角和证据。本书关于城市艺术设计的研究运用了多元性的研究方法，从理论层面论证了艺术在城市设计中的核心主导作用，也为"艺术属性"的研究提供了理论支持。

鉴于艺术理念自身的复杂性，笔者在研究过程中始终坚持比较的原则。如运用"自上而下"的传统理论建构方法与"自下而上"的"扎根理论"（质的研究方法）建构方法相比较，以及对不同国家、城市的艺术理念和城市保护体系进行比较等，通过对比、互证，最终获得更为概括、饱和的终点理论。

1."自下而上"与"自上而下"比较的研究方法

质的研究是一个跨学科、超学科的领域，要求以研究者本人为研究工具，在自然情境下采取多种资料收集方法，强调任何事件都不能脱离环境，对各部分的理解须依赖于对整体的把握，主张对社会现象进行整体探究，运用归纳法分析资料并形成理论，通过整体中各部分间的互动获得对研究对象的解释性理解。

质的研究一般采用"文化主位"的方法，注重研究者的主观感受，是一种"情境中"的研究。在对城市设计"属性"的研究中，本书借鉴其分支"扎根理论"的基本研究方法，从城市原始资料中归纳概念，自下而上地建构理论，最终上升到"形式理论"。

"城市设计"是一个集理性和感性于一体的系统工程，又是一个高度综合的学科体系，任何一种学说或学术观点都很难全面、客观地解释其"属性"问题。因此，就方法论而言，对城市设计的理论研究应该建立在广义的研究方法之上。城市的个性是国家、民族和地区特定历史的反映，它体现了当地人民的精神生活、物质生活以及习俗与情趣。一个城市的个性一般仅存在于一个特定区域范围内，而不会在其他地区重复出现，具有不可替代的形象、形态和形式。鉴于城市设计艺术的多维性和特殊性，笔者在研究中尝试以质的研究方法结合传统研究方法，构建一个综合研究体系，探索城市艺术设计研究的新思路。

质的研究方法所涉及的一般是个案（一个人、一个事件或一个问题），本书则以一个城市（北京）作为一项个案进行研究，表述的对象虽为一座城市，但关注的却是此类城市的问题。

对于研究方法，社科界素有量的研究与质的研究之争，普遍认为，量与质的研究是完全不同的两种方法。以方法论而言，量的研究与质的研究是相对应的，质的研究主要遵循现象学的解释主义，运用自然探究法，从整体上了解特定情境中的人类经验；而量的研究遵循的则是逻辑性和实证主义，以实验的方法验证假设。

正因为二者的这些差别，使其成为社科领域的两大研究范式。不断有人提出应把彼此对立的两者结合起来，并试图寻找它们的结合途径。汉莫斯里认为，与其形容它们的关系像一个十字路口，不如说是一座迷宫，各条道路相互重叠交叉。研究者在路口面临的不只是左、右两种选择，而是多种抉择。陈向明教授也认为，与其说量的研究与质的研究是两种相互对立的方法，不如将其看作一个连续统一体。它们相互之间的连续性多于两分性，并不是一个非此即彼的选择题。

为使研究结果更真实准确，本书在研究过程中始终坚持不断比较的原则。在资料之间、概念之间、理论之间各自不断进行比较，然后提炼出有关类属。这种比较贯穿于研究的整个过程，包括研究的各个阶段、部分和层面。

2. 不同文化语境比较的研究方法

本书从城市艺术设计角度进行城市的比较，包括一个城市不同历史阶段的艺术理念比较，如北京的不同朝代之间；不同城市的保护体系与经验比较，如巴黎、圣地亚哥、布达佩斯、圣彼得堡、苏州等城市之间。中西方在很多领域都处于一种"互反性"的关联中，而比较研究的目的就在于通过文化层面的相互了解，从"互反"发展到"互补"，在尊重地域文化特性的基础上，最终达到人类精神层面的"统一"。比较不同国家、民族对城市历史文化传承的态度及各国政府的保护措施与实践，不仅可以使我们更全面地了解世界，还能通过比较和研究达到反思的目的。

任何一种研究方法都是为了达到终极目标而选择的途径，既各有所长，也都有不完善之处，只有综合运用、取长补短，才能有效地发挥各自的优势，帮助我们客观、正确地认识城市设计。

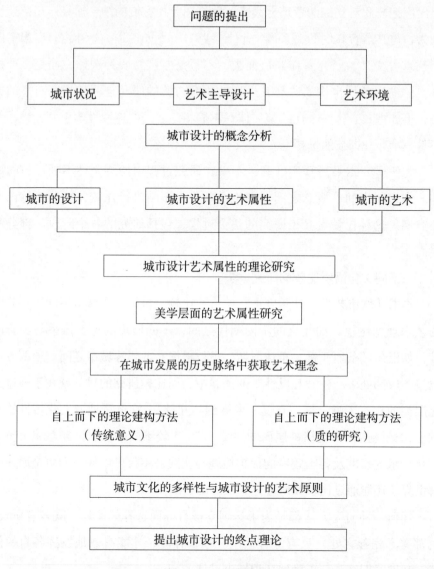

图 1-1　研究框架

国内外文献综述

／城市艺术设计方面

西特在《城市建设艺术：遵循艺术原则进行城市建设》（西特，1990）一书中，把城市作为一个美学问题来看待，他在这部关于城市设计的著作中，关注的是城市空间的视觉感染力，而不是将其视为聚集复杂城市机能的综合体。与现代主义对立的西特，通过回看中世纪，在传统建筑空间中提取城市设计的艺术元素，其多样化、持续性与空间围合的理念在城市设计领域具有广泛影响。

董雅教授在《设计·潜视界——广义设计的多维视野》（董雅，2012）一书提出的"广义设计"理念，是当代设计理论研究和设计实践中应该高度重视的问题。书中以宏观的视野对"什么是设计""如何认识设计""如何设计"进行了深入的阐释和论证。从"大设计"视域关注不同门类的公共基本问题，注重在具体的"情境"中思考问题。书中"从人类文化的整体角度理解设计"与"从实体思维转变为关系思维"的新思维观念，也正是本书关于城市设计艺术属性研究所需的基本思维方法。

《城市艺术设计学：一门亟待建立的前沿学科》（郑宏，2004）、《郑宏：城市规划本来就需要艺术设计》（张旻浮，2012），这两篇文章从不同角度探讨了城市艺术设计的重要性及当代城市所面临的问题。

/ 城市遗产保护、更新与持续发展方面

《从"功能城市"走向"文化城市"》（单霁翔，2013）一书就新时期城市快速发展进程中城市文化面临的形势以及当前开展城市文化研究的意义进行了分析思考，论述了城市文化对于城市发展的长远价值，提出"文化城市"的理念，并阐述了从"功能城市"走向"文化城市"的发展思路。《城市化发展与文化遗产保护》（单霁翔，2006）则涉及城市发展中的文化遗产保护态势、历史街区的保护、历史城市的协调发展、历史街区的有机更新等有关新时期城市文化保护的论题，作者关于城市化发展与文化遗产保护的论述渗透着对自然、社会、城市及文化的忧患意识，展示了其悠远的历史眼光和宽广的文化视野。

《走进文化景观遗产的世界》（单霁翔，2010）、《历史城市保护学导论》（张松，2003）、《城市的文脉：上海中心城旧住区发展方式新论》（徐明前，2004）等著作分别从不同的视角对城市生态文化、城市文化景观、城市保护

及城市文化多样性等主题进行了研究，并探讨了当前历史城市保护与城市可持续发展战略的现实意义。

简·雅各布斯在《美国大城市的死与生》（雅各布斯，译林出版社，2004）中以纽约、芝加哥等美国大城市为例，从城市的基本元素入手，通过对不同城市衰落和新生现象的对比及解析，在城市特性、城市多样性及城市发展策略等方面对美国一些现代城市规划和重建理论进行了抨击，此书为评估城市活力建构了一个基本框架，对新时期城市规划和城市设计具有一定的借鉴意义。

凯文·林奇在《城市意象》（林奇，华夏出版社，2004）一书中首次提出通过视觉感知城市物质形态的理论，这一新的评价城市形态的方法无疑是对城市设计领域的重大贡献。书中三个城市所涉及的一些问题，今天也或多或少会在我们的城市发展中遇到，如果我们在处理城市问题时，能够从"城市意象"的视角思考城市与人的关系，那么今天的城市设计思路就可能更趋合理。

吴良镛先生对北京城市传统民居文化及发展方向进行了深入的研究和探索，他在《北京旧城与菊儿胡同》（吴良镛，1994）中提出了具有建设性的见解。他关于北京旧城改造"有机更新"与"新合院体系"的理论，遵循了城市发展的内在规律，从"有机更新"逐渐走向新的有机秩序，并以此作为历史城市发展的理论基础。书中还从中国城市的规划体系和街巷院落系统的特征出发，为"有机更新"学说提出理论依据，并论证了寻回北京旧城的城市肌理，对城市体系进行微循环改造的必要性和可能性。

吴良镛先生主持的菊儿胡同"新四合院"住宅体系的实验，不失为城市生态及城市景观持续发展方面的有益尝试，不仅从北京的实际出发，而且也与国际先进的城市建设理论有相通之处。

通过对上述不同国家城市文化保护与研究的了解，我们得以以世界城市为镜，在研究中思考如何通过与不同国家城市的个性、艺术设计与文化发展的比较，整合具有建设性的内容，为有效解决当代城市存在的问题探索一条新的思路。

/ 城市美学与设计思想方面

《现代西方美学》（程孟辉，2001）、《东西方哲学美学比较》（今道有信，中国人民大学出版社，1991）通过对现代美学流派的介绍和研究，从美学角度对艺术的定义、艺术的本质、艺术的可界定性、艺术欣赏、审美判断、审美经验、艺术创造等概念进行了深入的阐述。

《城市美学》（马武定，2005）、《城市美学四题》（陈李波，2009）、《城市美学四论》（魏林，2009）、《审"城市"之美：中国美学研究的新支点》（刘锋杰，2004）等著作从美学的角度对城市设计思想进行了深入的论述，剖析了当代城市发展所面临的种种困境，并积极探索应对之策，重塑自然、城市、人类的和谐关系。

《中国古代设计艺术思想论纲》（孙长初，2010）一书对中国传统设计艺术思想在审美文化层面和技术层面的双重性进行了翔实的论述，分析了社会各阶层审美文化对设计思想的影响，如礼仪文化、宗教文化、神巫文化、外来文化、文人文化、世俗文化等文化因素对设计艺术思想的影响。此书指出推动中国古代设计艺术思想向前发展的动力结构主要来自于人类社会的审美文化，同时还从技术层面分析了以造物为主的设计思想所具有的技术性特征，特别是在手工业时代，工艺技术为设计艺术提供了物质条件和技术条件，推动了设计艺术的发展。此书对中国古代设计艺术思想的研究具有一定的现实意义，对研究古代城市设计思想与探索现代城市设计发展方向都有积极意义。

/ 城市规划与城市建筑方面

《营国匠意——古都北京的规划建设及其文化渊源》（朱祖希，2007）侧重城市历史地理、规划布局、设计理念、文化渊源等方面的研究。《明代宫廷建筑史》（孟凡人，2010）是故宫博物院学术出版项目——明代宫廷史研究丛书之一，其研究深入翔实，重在阐述对北京城市整体设计具有重大影响的紫禁城建筑群的设计文化内涵，内容主要包括：宫廷建筑的总体规划；宫式建筑的营造体系；建筑组群的空间组合状况、形制、布局、架构、建筑技术和建筑艺术等。宫廷建筑作为北京城市设计的一个主要建筑类别，其规划理念、设计思想和营造方式对研究北京城市设计的艺术个性有着极为重要的影响。《周礼·考工记》、《营造法式》（李诫，2007）、《清式营造则例》（梁思成，2006）、《清工部〈工程做法则例〉图解》（梁思成，2007），这些著作诠释了中国传统城市营建的理念与成就，它们对宋代以来的建筑规制、营造技艺、建筑材料等进行了较为全面的整理、归纳和总结，属于中国传统城市建筑法规律例方面的典籍，这些著作虽大多偏重于规制、技术与材料，但无疑也是研究城市设计艺术的重要素材。

/ 城市景观方面

《中国园林美学》（金学智，2005）、《景观设计：专业学科与教育》（俞孔坚、李迪华，2004）、《景观形态学》（吴家骅，2004）三部著作从美学和设计的角度对园林景观与城市景观领域的设计理念及发展方向进行了较深入的论述和研究，研究范围涉及历史沿革、景观形态、景观审美、建筑景观及中西园林比较等。随着时代的发展，景观理念也在不断演变，不再局限于传统范畴，而景观设计也逐步融入城市艺术设计领域。

《城市风景规划——欧美景观控制方法与实务》（西村幸夫 + 历史街区研究会，上海科学技术出版社，2005）一书是日本东京大学西村幸夫教授的重要研究成果，书中论述了欧美城市景观规划的深层结构、不同的城市规划特色以及城市景观的控制方法，研究分析了英、法、意、奥、德、美、加七国在城市景观的规划、保护、控制与管理方面的不同尝试。作者认为，无论历史文脉、社会体制怎样不同，城市景观控制的重要性都不会改变。

《中国建筑园林艺术对西方的影响》（陈正勇、杨眉、朱晨，2012）结合中西文化交流的典型人物和背景，将园林与美学结合，解析了中国建筑园林艺术对十八世纪欧洲建筑与园林发展的影响，从新的视角对东西方园林艺术互补的意义进行了研究。

/ 城市色彩方面

《城市环境色彩规划与设计》（崔唯，2006）、《城市色彩 —— 一个国际化视角》（洛伊丝·斯文诺芙，2007）注重研究城市环境色彩对城市文化的体现和传播。

本章小结

从目前已面世的各类研究看，尽管在很多方面有关城市设计的研究已取得一定成果，但仍然存在某些局限，有些研究热衷于对设计形式与技巧的分析，缺乏对深层理论的探讨；有些则偏重于某一学科，缺乏多学科交叉的综合性研究；有的过多地借鉴国外理论和经验，缺少对所涉区域特性的认识和关注；有的过于注重解决现实中的具体问题，缺乏战略性的长远规划与研究；有的则专注于对技术性问题的钻研，缺少对人文的联系与关注。总之，城市设计长期缺乏"核心""主导元素"等概念引领下的整体性理论研究。

第二章　北京城市艺术环境
问题的调查与反思

城市发展建设中的艺术环境保护问题

二十世纪九十年代以来，持续的大规模危房改造工程使北京的传统城市艺术特色迅速消退，传统街区、胡同、四合院被成片拆除，取而代之的是大量突破规划的商业性建筑，由于政策导向和规划设计对城市环境问题的忽视，导致北京的城市艺术环境面临着前所未有的危机。

北京不仅是中国名列首位的历史文化名城，更是驰名中外的城市艺术杰作。精美的中轴线、棋盘状的道路格局、雄伟的城垣、威严的紫禁城、和谐的城市色彩、优美的城市天际线、平缓而富于节奏的城市肌理……这些设计元素构筑了这个艺术化的都城（见表 2-1），使北京以整体的城市艺术形象蜚声中外。丹麦著名城市规划和建筑学家拉斯穆森评价道："可曾有过一个完整的城市规划的先例，比它更庄严、更辉煌？……整个北京城乃是世界奇观之一。它的平面布局匀称而明朗，是一个卓越的纪念物，象征着一个伟大文明的顶峰。"[1]

然而，城市艺术环境却一直是近代中国城市发展进程中被忽视的问题，就北京而言，城市政治环境、城市经济环境、城市交通环境、城市文化环境等都曾在不同阶段得到过不同程度的关注和整治，而代表城市整体形象

1　〔丹麦〕斯坦·埃勒·拉斯穆森：《城镇与建筑》，韩煜译，天津大学出版社 2013 年版。

特征的城市艺术环境却始终未受到重视。

多年持续进行的大规模城市改造不仅在全国产生连锁效应，对历史文化名城的保护和发展也造成了极大的负面的影响，加剧了对城市艺术生态环境的破坏。目前，北京城市艺术环境的保护问题日趋严重，城市艺术理念的缺失使得这座古都的环境氛围正逐渐从艺术走向平庸。（见图2-1）

图2-1 北京旧城城市肌理卫星影像分析图（2003年12月）。图中深色部分为尚存的老城肌理。

资料来源：李路珂、王南、胡介中、李菁编著，《北京古建筑地图》（上册），清华大学出版社，2009年。

表 2-1   从城市设计角度看北京建城的历史轨迹

一、建城之始——蓟城	
周武王灭商（前 1045）	周武王十一年分封蓟国。 《史记·乐记》："武王克殷及商，未及下车，而封黄帝之后于蓟。" 始建蓟城，为蓟国国都。
春秋—燕襄公时期（前 657—前 617）	蓟被燕兼并，蓟城又成为燕国的国都。《史记·周本纪·正义》："蓟、燕二国，俱武王立，因燕山、蓟丘为名，其地足自立国。蓟微燕盛，乃并蓟居之，蓟名遂绝焉。"
秦统一中国（前 221）	燕国被分为六郡，广阳郡治所在蓟城。
西汉本始元年（前 73）	改广阳郡为国，以蓟城为都城。
北魏（396—397）	蓟城为幽州治所。
隋大业三年（607）	改幽洲为涿郡，以蓟城为治所。
唐武德元年（618）	改涿郡为幽州，仍以蓟城为治所，亦称幽州城。
二、辽代陪都——南京（燕京）	
契丹会同元年（938）	升幽州为五京之一的南京，又称燕京，成为陪都之一。
辽大同元年（947）	契丹改国号为辽，改元大同。
辽开泰元年（1012）	改幽州府为析津府。
城池规制	城周长二十余里，城墙高三丈，宽一丈五尺，配置敌楼战橹九百一十座，地堑三重。 城设八门：东为安东门、迎春门；南为开阳门、丹凤门；西为显西门、清晋门；北为通天门、拱辰门。
宫城营建	大内在城池西南角，其西南墙亦为外城西南墙，宫城共四门，东为宣和门、南为丹凤门、西为显西门、北为子北门（西南二门与外城共享）宫城内宫殿建筑颇为壮丽。
民居	城中二十六坊，各有门楼，上书坊名，城内"居民棋布，巷端直列，肆者百室"。
寺庙建筑	辽代佛教盛行，城内外庙宇广布，今北京阜成门内妙应寺（白塔寺）白塔，广安门附近天宁寺砖塔均于辽代建造。
城池位置	在今北京旧城西南，与幽州城城垣位置基本一致。 注：蓟城基址从西周到辽代没有变动，蓟城城址在今北京城的西南部，其大部分与北京外城的西北部相重合。

三、北京历史的新纪元——金中都	
金天会元年（1123）	金兵攻陷辽陪都南京（燕京）城。
金天会五年（1127）	金灭北宋王朝。
金天德三年（1151）	海陵王颁发《议迁都燕京诏》。
新都城垣扩建	在辽南京城的基础上把东、南、西三面城垣扩展。
	城周计三十七里余，呈方形，东、南、西面各有城门三座，北面为四座。
	东面：施仁门、宣曜门、阳春门。
	南面：景风门、丰宜门、端礼门。
	西面：丽泽门、颢华门、彰仪门。
	北面：会城门、通元门、崇智门、光泰门。
	每面正中的城门特开辟三个门洞
宫城营建	宫城在城中央偏南，城周计九余里，规模宏大，南为宣阳门，北为拱辰门，东为宣华门，西为玉华门。
城市中轴线	从应天门沿御道向南，出宣阳门直达外城的丰宜门，形成了城市的中轴线。
	在中轴线上，沿大道入丰宜门后就是龙津桥，过桥沿御道进入宣阳门，宣阳门内旁设东西千步廊。
	东侧有文楼、来宾馆、太庙，西侧有武楼、会同馆、尚书省，再向北是应天门，直至宫城北面的拱辰门，形成一条中轴线。
宫殿建筑	宫殿完全参照北宋汴京皇宫的规制建造。
	中殿计九重，凡三十有六所，楼阁倍之。前殿为大安殿，后殿为仁政殿，东有东宫、寿康宫，西有十六凉位。建筑风格追求华饰、纤巧。
	"其宫阙壮丽，延亘阡陌，上切宵汉，虽秦阿房，汉建章不过如是。"（《钦定日下旧闻考》卷二九《宫室》引《海陵集》）
金天德五年，金贞元元年（1153）	工程竣工，海陵王完颜亮正式下诏迁都，改南京（燕京）为中都，定为国都。
四、壮阔宏伟的元大都	
金贞祐三年（1215）	蒙古军攻陷金中都
元至元四年（1267）	决定放弃旧城，以金都城东北郊的琼华岛大宁宫为中心兴建新的都城。此举标志着北京城址的转移，这在北京城市发展史上是一个重要的转折点。

元至元八年（1271）	正式建国，国号为"大元"，始称元朝。
元至元九年（1272）	改中都为大都，并定为元朝的国都。
元至元十一年（1274）	大都城垣建成。
大都城的规划	恪守《周礼·考工记》"匠人营国，方九里，旁三门，国中九经九纬，经涂九轨。左祖右社，面朝后市"的原则。总体布局基本符合帝王都城设计的要求，把儒家的政治理念付诸于现实。
设计师	元大都的规划设计主要出自儒者刘秉忠之手。
艺术成就	元大都城无论是城市规划、建筑规模还是营建艺术，在当时都是令世人瞩目的，也是世界其他城市无法比拟的，它也因此成为当时政治、商业和文化的中心。
外郭城垣	元大都外郭城呈长方形，南北略长，城周长二万八千六百米，共有十一座城门。
	南城垣正中为丽正门，东为文明门，西为顺承门。
	北城垣东为安贞门，西为健德门。
	东城垣中为崇仁门，南为齐化门，北为光熙门。
	西城垣中为和义门，南为平则门，北为肃清门。
	《马可波罗游记》云："全城有十二门（应为记载有误），各门之上有一大宫，颇壮丽。四面各有三门，（北城实有两门）五宫，盖每角各有一宫，壮丽相等。"
	元大都城城墙由夯土筑成，基部二十四米。
街道坊巷	城内南北、东西共有干道九条，呈棋盘式布局。
	交通道路主要为南北向，居住的街巷则多是密集的东西向。
	《马可波罗游记》："那城中街道非常宽直，由一端能直视另一端，此规划之意，实为城门之间可相互眺望。"
	大都城内居民区划分为五十坊，坊各有门，门上标有坊名，整个城市布局规划有序。
城市中轴线	元大都的城市规划充分体现了传统的皇权至上思想，一条贯穿皇宫的城市中轴线体展示了皇室至高无上的地位，按古制王都"左祖右社，面朝后市"的原则，宫城东有太庙，西有社稷台，全城的中心在海子东岸的中心阁。从城南正门丽正门到中心阁，构成一条正南正北的城市中轴线，宫城的主体建筑都是围绕这条中轴线均衡展开的。

皇城	皇城呈长方形,南墙正中为崇天门,东侧云从门,西侧星拱门,东墙有东华门,西墙有西华门,北墙为厚载门,宫殿建筑主要有两组,前为大明殿部分,包括文思殿、紫檀殿及后面的寝殿、宝云殿。往北入延春门便是延春阁,东有慈福殿,西有明仁殿,阁后为清宁宫。
宫苑	以琼华岛与太液池为中心,东岸为皇宫,西岸为隆福宫和兴圣宫、三宫鼎立。
	宫城建成后,琼华岛改为万岁山,成为宫苑的主体,太液池南建有一座汉白玉石桥(今北海大桥)与园坻(今团城)。
	《马可波罗游记》:"(万岁山)人力所筑,高百步,周围约一里。山顶平,满植树木,树叶不落,四季常春。""萦纡万石中,洞府出入,宛转相继。"
五、雄伟壮丽的明北京城——中国古代帝都的典范	
洪武元年(1368)	明军攻占元大都,改大都为北平府。
洪武元年至四年(1368—1371)	对元大都城垣进行了大规模改建,放弃了空旷的城北地区,把北城墙南移五里,新筑修的北城墙仍只设两城门,东侧定名为"安定门",西侧定名为"德胜门"。
永乐元年(1403)	升北平为北京,改北平府为顺天府,开始筹划迁都北京。
永乐四年(1406)	诏令营建北京宫殿。
永乐十五年(1417)	六月,兴工营建北京宫殿、城垣,改建皇城并向南扩展。
永乐十七年(1419)	将南城墙向南拓约1.5里,重建南城垣,仍辟三城门,并沿用原名称。至此,北京内城城廓定型,其东墙长约5300米,西墙长约4900米,南墙长约6700米,北墙长约6800米。
永乐十八年(1420)	十二月,北京营建完工,永乐皇帝下诏定北京为都城。
永乐十九年(1421)	明成祖朱棣正式迁都北京。
正统元年(1436)	命修建京师九门城楼。
正统二年(1437)	正月,兴工修京师九门城楼并增建箭楼、瓮城、桥闸及城四隅角楼,城墙两侧包砌城砖,各城门外立牌楼。

正统四年（1439）	城垣修建工程完工，并将原大都城门名称全部改换。 南城墙：丽正门改为正阳门，文明门改为崇文门，顺承门改为宣武门。 东城墙：齐化门改为朝阳门，崇仁门改为东直门。 西城墙：平则门改为阜成门，和义门改为西直门。 北城墙：东为安定门，西为德胜门。 每门均有箭楼、城楼、瓮城及闸楼，内城四角设有角楼。
嘉靖三十二年（1553） 　　修筑外城	扩建城市。
	为防范蒙古兵的侵扰，北京开始修筑外廓城，原计划在城垣外加筑一圈外城，后因财力不足，只修筑了南郊一线的外城，局部外城的修筑使北京城的平面格局形成了特有的凸字形轮廓。北京外城周长28里，南垣长7854米，东垣长2800米，西垣长2750米，北垣东段长510米，北垣西段长495米。外城南城墙共开三个城门，正中是永定门，东为左安门，西为右安门。东城墙有广渠门，西城墙有广宁门（清改名广安门），外城东北和西北与内城相交处各开一便门，东为东便门，西为西便门。城垣四隅均设有角楼。
城市中轴线	明北京城沿用了元大都的城市中轴线，由于增筑了外城，使这条中轴线的长度达到八公里。外城南城墙正中的永定门为这条中轴线的南起点，地安门以北的钟鼓楼是这条中轴线的北终点。明北京城最重要最宏大的建筑和场所均安排在这条中轴线上，或以其为轴心均衡有机地展开，从而构成了一个以中轴线建筑为核心，整体布局完整、和谐的伟大城市作品。 明北京城中轴线上的主要建筑南起永定门，向北依次为：正阳门、大明门、承天门、端门、午门、皇极门、皇极殿、中极殿、建极殿、乾清门、乾清宫、交泰殿、坤宁宫、御花园、玄武门、万岁山、北安门，终点为鼓楼和钟楼。 从永定门至承天门的中轴线左右安排有：东边天坛、西边山川坛（初为地坛），东、西千步廊，十字形广场（天街），长安左门，长安右门，承天门东侧有太庙，西侧有社稷坛。
街市坊巷	明北京城的街巷为方正平直的排列方式，全城共三十六坊，（内城二十八坊、外城八坊）内城街巷仍沿用大都城的模式，外城街巷则依原有旧路及地势建设新路。

街市坊巷	明北京城正阳门外和东四牌楼、西四牌楼是三个主要贸易市场。 正阳门外一带有：果子市、鲜鱼口、粮食店街、珠宝市、煤市街、钱市胡同、肉市街、布巷子等。 东四牌楼附近有：猪市大街、小羊市、驴市胡同、灯市口。 西四牌楼附近有：马市大街、羊市大街、缸瓦市、粉子胡同。
六、清代京师——最后的帝都	
顺治元年（1644） 　　园林景区开发	清军攻陷京城，同年十月初一诏谕天下，定都北京。清入主北京后，完全沿用了明代北京城的建制，这次改朝换代北京城并没有遭到大的破坏。清政府未对明北京城实施大的改造工程，而是把主要财力、物力用于开发建设北京西郊的皇家园林。清朝在其统治的二百多年里，先后在西郊营造了圆明园、畅春园、清漪园（颐和园）、静明园（玉泉山）、静宜园（香山）等皇家园林。
旗民分居	清定都北京后，实行旗民分城居住制度，将内城分封为八旗驻地，原居住于内城的其他民族一律迁到城外居住。内城以皇城为中心，八旗分布四隅八方。旗民分城居住后，旗人在内城大肆修建房屋住宅，大量兴建王公府第，至此，北京内城街巷住宅的建筑质量得到了一次大规模提升。
光绪二十六年（1900）	八月十四日，八国联军攻入北京城，拉开了北京城遭受损毁的序幕。
宣统三年（1911）	宣统皇帝溥仪退位，北京城结束了清代都城的历史。
七、中华民国	
民国元年至三十八年 （1912—1949）	在这一历史阶段，北京历经了军阀战乱（民国初期）、抗日战争（1937—1945）及解放战争（1945—1949）等时期。由于时局动荡、战事不断，北京旧城内基本没有进行大规模的建设，明清北京城的原有风貌基本保存。但由于缺乏保护性修缮，很多古建筑逐渐颓败，一些濒于坍塌的部位不断被拆掉，北京的皇城墙也几乎被拆除殆尽。但总体来说，这一时期，明、清北京城的整体城市风貌和绝大多数古建筑基本上还是处于延续状态。

八、中华人民共和国	
（1949 年至今）	新中国成立以后，由于种种原因，北京最有代表性的城门、城墙、牌楼、胡同、四合院等城市元素不断地被拆除，标志性的城市符号越来越少，北京的古都风貌正在渐渐失去……

大规模工程建设对城市艺术环境的影响

在二十世纪末至二十一世纪初的二十余年里，北京的大规模城市改造几乎没有停止过。目前，在仅占市区规划面积 5.76% 的历史城区里，完整保留历史风貌的区域已经不足 15 平方公里。[1]

在这二十余年的旧城改造中，北京先后对平安大街、闹市口大街、菜市口大街、两广大街、东直门内北小街、朝阳门内北小街、朝阳门内南小街、旧鼓楼大街、煤市街等十余条传统街道进行了道路拓宽及市政设施改造。涉及历史街区、胡同、民居的危改拆迁项目更是遍地开花，据不完全统计，二十多年来，北京历史城区不同规模的拆迁区域已有六十多片。

针对北京的城市改造问题，吴良镛先生早在 1997 年就曾经指出："今天的北京旧城已经像一个癞痢头，正在开发中的花市、宣外、金融街等，皆已面目全非，出现一片片'平庸的建筑'和'平庸的街区'。这些已足以说明，在这种建设'开发'的形势下，采用现有的旧城规划和建设模式，已经并且还将继续产生种种可怕的后果。"[2]

美国著名城市规划专家苏解放（Jeffrey Soule）也认为"这个有着最伟大城市设计遗产的国家，正在有系统地否定自己的过去"。[3]

北京主要街区拆迁后的建设模式多数为大型综合商业项目，如：长安街的"东方广场"、西二环的"金融街"、西单路口东南角的"时代商圈"、西

1　北京旧城方圆 62.5 平方公里，仅占北京规划市区面积 1085 平方公里的 5.76%，目前，历史风貌区域（包括公园和水面）已不足 15 平方公里。

2　吴良镛：《关于北京市旧城区控制性详细规划的几点意见》，载《城市规划》，1998 年第 2 期。

3　转引自崔唯：《城市环境色彩规划与设计》，中国建筑工业出版社 2006 年版，第 115 页。

单北大街的"西西工程"、北京站街的"恒基中心"、宣武门外大街的"庄胜城"、崇文门外大街的"国瑞城"等。这些建设项目普遍具有占地广、楼层高、规模大的特点，项目大多出现突破限高和容积率的现象，且都占据着北京历史城区的重要位置，使本就缺乏整体艺术性的城市规划不断遭受突破的威胁，对北京整体城市艺术环境造成了极大的破坏。

在很多危改项目的拆迁工地和施工现场，我们经常可以看到类似于"加快危改拆迁，保护古都风貌"等一些令人费解的宣传语，不知这种大片拆除胡同、四合院等历史建筑，继而改建大型商业建筑的做法怎样保护古都风貌？

关于历史建筑的价值，早在十五世纪，欧洲建筑师、文物研究学者莱昂·巴蒂斯塔·阿尔伯蒂（Leon Battista Alberti，1404—1472）就认为，城市中的历史建筑具有美观、教育价值和历史价值，而保护其外观的美感是其中最主要的一个方面，在他看来，美观实在是太重要了。但其所处的现实却让阿尔伯蒂满怀忧虑："上帝请帮助我，当我看到他们多么忽视，或者说多么野蛮和贪婪地对待古代建筑时，我有时真的是不能容忍，因为这些建筑的高贵，甚至野蛮人和愤怒的敌人都没有去伤害它们；所有的征服活动、飞逝的时间也都允许这些建筑永久地矗立在地面上，但为什么有的人却去肆意破坏它们呢？"[1]不幸的是，这位欧洲建筑师几个世纪前的忧虑今天依然在我们身边存在着。近年来，围绕城市文物建筑又出现了"保护性拆除"和"维修性拆迁"的论调，有些开发商为了自己的商业利益连一些公认的历史文物都能在所谓"保护"和"维修"的旗号下公然拆除，对待传统民居的态度更可想而知。

北京城市艺术环境重大变化的两个阶段

/ 新中国成立初期的城市设计与环境改造（1949—1959）

新中国成立初期，按照国家的第一个五年计划，经济建设的总任务是使

1　转引自〔芬兰〕尤嘎·尤基莱托：《建筑保护史》，郭旃译，中华书局 2011 年版，第 39 页。

中国由落后的农业国逐步变为强大的工业国，特别是首都及大工业城市，要有计划地按照社会主义的城市规划和城市建设原则逐步进行改造和扩建。在当时发展社会主义工业化大都市的思路下，改造和扩建已成为城市发展的主要方向。以当时的观点，北京应该成为全国的政治、经济、文化中心及现代化工业基地和科学技术中心。而那时北京的城市状况显然不能满足这些要求，因此，对旧北京城的改建、扩建成了这一时期的主要任务。

北京市委在第一个城市总体规划《改建与扩建北京市规划草案的要点》中指出："北京是我国著名的古都，在都市建设及建筑艺术上，集中地反映了伟大中华民族在过去历史时代的成就和中国劳动人民的智慧，具有雄伟的气魄和紧凑、整齐、对称、中轴线明显等优点。但另一方面，也反映了封建时代低下的生产力和封建的社会制度的局限性。"[1] 在此认识的基础上，提出了旧城发展建设的原则，既要保护其城市风格和优点，又要改造阻碍城市发展的部分。

北京的城市规划工作始于 1949 年末，此时关于北京的城市规划主要有两个方案，一是苏联专家巴兰尼科夫的《关于北京市将来发展计划问题的报告》；二是梁思成和陈占祥提出的《关于中央人民政府行政中心区位置的建议》。

苏联专家的报告认为："北京没有大的工业，但是一个首都，应不仅为文化、科学的、艺术的城市，同时也应该是一个大工业的城市。"[2] 在规划建设方面，巴兰尼科夫提出了以天安门广场为中心建设首都行政中心的方案："最好先改建城市的一条干线或一处广场，譬如具有历史性的市中心区天安门广场，近来曾于该处举行阅兵式及中华人民共和国成立的光荣典礼和人民的游行，更增加了它的重要性。所以，这个广场成了首都的中心区，由此，主要街道的方向便可断定，这是任何计划家没有理由来变更也不会变更的。"[3] 巴兰尼科夫的规划理念就是在旧城区内围绕天安门广场进行行政区的

---

1   北京市委：《改建与扩建北京市规划草案的要点》，1950 年。
2   巴兰尼科夫，《关于北京市将来发展计划问题的报告》，1949 年。
3   同上。

建设。

梁思成和陈占祥共同提出的"梁陈方案"则是一份全面、系统的城市规划建议书。即使现在来看，其仍具有一定的合理性。建议书从城市整体保护的构想出发，本着"古今兼顾，新旧两利"的原则，建议将中央行政中心置于旧城的西郊，一来可以减轻北京旧城"中心"的负担，获得"完整保护"的机遇，二来也为北京的持续性发展拓展出更大的空间。

"梁陈方案"在篇首即以醒目的文字提出："早日决定首都行政中心区所在地，并请考虑按实际的要求，和在发展上有利条件，展拓旧城与西郊新市区之间地区建立新中心，并配合目前财政状况逐步建造。"[1]在"需要发展西面城郊建立行政中心区的理由"一节中分析了政府中心建在旧城区的困难与问题，并从艺术的视角陈述了对这座城市的认识："北京城之所以为艺术文物而著名，就是因为它原是有计划的壮美城市，而到现在仍然很完整的保存着。除却历史价值外，北京的建筑形体同它的街道区域的秩序都有极大的艺术价值，非常完美。所以北京旧城区是保留着中国古代规制，具有都市计划传统的完整艺术实物。"[2]同时还以中西对比的方式进一步论述了北京城市规划的艺术价值，认为北京城的特征"在世界上是罕贵无比的"。而"欧洲的大城市都是蔓延滋长，几经剧烈改变所形成的庞杂组合。它们大半是由中古城堡，市集，杂以十八世纪以后仿古宫殿大苑，到十九世纪初期工业无秩序的发展后，又受到工厂掺杂密集，和商业化沿街高楼的损害，铸成区域紊乱，交通困难的大错。到了近三十年来才又设法'清除'改善，以求建立秩序的"。[3]鉴于当时苏联专家对于中国政府制定新北京城市规划的影响，梁思成还提出应该学习苏联战后对历史名城诺夫哥洛的重建经验。并在说明八"文物建筑本身之保护及其环境"中援引苏联窝罗宁教授书中的观点："为顾到生活历史传统和建筑的传统……保留合理的，有历史价值的一切，和在房

1　梁思成、陈占祥：《关于中央人民政府行政中心区位置的建议》，见《梁思成全集》（第五卷），中国建筑工业出版社 2007 年版。

2　同上。

3　同上。

屋型类和都市计划上的一切。"[1] "被称为'俄罗斯的博物馆'的诺夫哥洛城，'历史性的文物建筑比任何一个城都多'。这个城之重建'是交给熟谙并且爱好俄罗斯古建筑的建筑院院士舒舍夫负责的。他的计划将按照古代都市计划的制度重建——当然加上现代的改善。……在最优秀的历史文物建筑四周，将留出空地，做成花园为衬托，以便观赏那些文物建筑'。"[2] 对比诺夫哥洛城，文中认为，北京同样是"历史性的文物建筑比任何一个城都多"的历史城市。"它的整体的城市格式和散布在全城大量的文物建筑群就是北京的历史艺术价值的本身。它们合起来形成了北京的'房屋型类和都市计划特征'。我们应该学习舒舍夫重建诺夫哥洛的原则来计划我们的北京。"[3]

"梁陈方案"对发展新北京与兼顾旧城艺术环境的观点是"这崭新的全国政治中心的建筑群，绝不能放弃自己合理的安排及秩序，而去夹杂在北京原有文物的布局或旧市中间，一方面损失旧城体形的和谐，或侵占市内不易得的文物风景区，或大量的居民住区，或已有相当基础的商业区，另一方面本身亦受到极不合理的限制，全部凌乱，没有重心……在新建设的计划上，必须兼顾北京原来的布局及体形的作风，我们有特殊职责尽力保护北京城的精华，不但消极的避免直接破坏文物，亦须积极的计划避免间接因新旧作风不同而破坏文物的主要环境。"[4] 这是一份以保护北京历史城区艺术环境为出发点、卓有远见的城市规划建议书，但由于众所周知的原因，"梁陈方案"最终没有被采纳，北京放弃了一次"整体保护"的机会。

在二十世纪五十年代初期争议中央行政区规划方案的同时，北京对古都的传统环境采取的还是保护态度。1950 年 9 月，北京市政府曾遵照周恩来总理关于"要保护古代建筑等历史文物的指示精神，对北京城的主要古代建筑（城楼、城墙、牌楼等）的状况进行了调查，并由北京市建设局和北京市文物整理委员会拟定出第一批修缮工程实施方案。首先对五处急需进行维修

1　梁思成、陈占祥：《关于中央人民政府行政中心区位置的建议》，见《梁思成全集》（第五卷），中国建筑工业出版社 2007 年版。

2　同上。

3　同上。

4　同上。

的城门进行保护性修缮，这次修缮内容共有六项，包括：东直门城楼、阜成门城楼、德胜门箭楼、安定门城楼、安定门箭楼和东便门城楼、箭楼。修缮工程于 1951 年 9 月开工。

1952 年春夏之际，风云突变，北京拆除城楼、牌楼的问题被提到议事日程。显然这与苏联专家关于北京建设的意见被高层领导接受有关。当时主张拆除的观点认为，北京的城楼、牌楼是造成交通拥堵及频繁发生交通事故的根源所在，因此建议政府予以拆除。这一建议受到了市委的重视，市委领导在 1952 年 6 月中旬的一次会上说："城楼除危险的以外，一般不修，将来都要拆。"这时北京第一批城楼修缮项目已基本完成，第二批城楼修缮计划则被迫搁置。

1953 年 5 月 4 日，市委就阜成门、朝阳门、东四牌楼、西四牌楼和历代帝王庙牌楼等古建筑影响交通的问题向中央请示，要求拆除阜成门城楼、朝阳门城楼、帝王庙牌楼以及东四牌楼、西四牌楼等。

对北京拆城楼、牌楼的做法，梁思成持反对意见。他从城市艺术设计的角度对北京的城市环境进行了全面分析，认为"北京雄劲的周边城墙，城门上嶙峋高大的城楼，围绕紫禁城的黄瓦红墙，御河的栏杆石桥，宫城上窈窕的角楼，宫廷内宏丽的宫殿，或是园苑中妩媚的廊庑亭榭，热闹的市心里牌楼店面，和那许多坛庙、塔寺、宅第、民居，它们是个别的建筑类型，也是个别的艺术杰作。……最重要的还是这各种类型，各个或各组的建筑物的全部配合；它们与北京的全盘计划整个布局的关系；它们的位置和街道系统如何相辅相成；如何集中与分布；引直与对称；前后左右，高下起落，所组织起来的北京的全部部署的庄严秩序，怎样成为宏壮而又美丽的环境。北京是在全盘的处理上才完整地表现出伟大的中华民族建筑的传统手法和在都市计划方面的智慧与气魄。"[1] 不难看出，梁先生是把北京城作为一个整体的艺术作品来看待的。在他心中，正是这些不断面临拆除的"个别的艺术杰作"将北京城建构成了一个"举世无匹的杰作"。

1　梁思成、林洙：《北京——都市计划中的无比杰作》，中国青年出版社 2013 年版，第 257 页。

梁思成认为城楼是城市干道的主要对景，还曾经设想："城墙上面是极好的人民公园，是可以散步、乘凉、读书、阅报、眺望的地方。（并且是中国传统的习惯）底下可以按交通的需要开辟城门。"[1] 认为"城墙并不阻碍城市的发展，而且把它保留着与发展北京为现代城市不但没有抵触，而且有利"。[2] 同时还建议把北京的城墙建成"全世界独一无二"的"环城立体公园"。"城墙上的平均宽度约十米以上，可以砌花地、栽植丁香、蔷薇一类的灌木，或铺些草地，种植草花，再安放些园椅。夏季黄昏，可供数十万人的纳凉游息，秋高气爽时节，登高远眺，俯视全城，西北苍劲的西山，东南无际的平原，居住于城市的人民可以这样接近大自然，胸襟壮阔。还有城楼角楼等可以辟为陈列馆、阅览室、茶点铺……古老的城墙正在等待着负起新的任务。"[3] 为此，他还专门绘制了一幅北京城墙公园设想图（见图 2-2）。

对于北京拆除牌楼的问题，梁思成也曾基于城市艺术的视角提出过反对意见。他在 1953 年 12 月 28 日市政府召开的"关于首都古文物建筑处理问题座谈会"上指出："街道上的对景主要是牌楼、城门楼。……我们应该用都市规划眼光来看，一条街道中在适当的地方有个对景，是非常必要的，因为城市风格的价值，不因城市交通速度增加而改变。"[4] 对于因改善交通而拆除城市景观建筑的问题，梁先生还从城市艺术设计的角度提出过解决问题的思路，他曾建议以建设街心景观环岛的方式处理地安门和西长安街庆寿寺双塔的交通问题，并为此绘制了长安街双塔景观岛设想图。（见图 2-3）

当时正值新中国成立初期，人们建设社会主义新中国的热情空前高涨，中央行政区的建设又选址在旧城的中心区，一切"阻碍"新时期建设的因素无疑都是不容存在的，对于传统城市艺术元素则更是无从顾及。在这样的大环境下，梁思成显得势单力薄，但他代表了一部分有识之士对城市艺术环境的看法。

从当时占主导的"纯交通观点"来看，北京的这些城门、城墙、牌楼已

1 梁思成、林洙：《北京——都市计划中的无比杰作》，中国青年出版社 2013 年版，第 257 页。
2 同上。
3 梁思成：《关于北京城墙废存问题的讨论》，载《新建设杂志》，1950 年第 5 期。
4 《关于首都古文物建筑处理问题座谈会记录》，1953 年 12 月 28 日，北京市档案馆存。

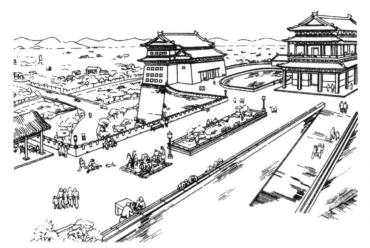

图 2-2　梁思成的北京
城墙公园设想图

资料来源：《梁思成全集》
（第五卷），中国建筑工业
出版社 2007 年版。

图 2-3　梁思成绘制的长安
街双塔景观岛设想图

资料来源：关肇邺，《积极的城市
建筑》，1988 年。

属于妨碍发展工业化大都市的障碍物，至于这些古代城市构筑物代表了什么
文化内涵，有多少城市艺术价值，已很少有人去认真思考。

在新中国成立初期旧城改造的前十年里（1949—1959），北京先后拆除
了外城城墙、外城的 7 座城门（包括城楼、箭楼和瓮城）、27 座牌楼、部分
内城城楼和箭楼，修筑了"林荫大道"，拓宽、改建了东西长安街，扩建了
天安门广场，改建了北海大桥。这些城市改造措施在满足新时期交通需求的
同时，也使北京失去了众多城市艺术景观。（见图 2-4）

　　北京特有的凸字形城郭从此失去完整性。外城城墙拆除后，北京的护城河水系仍维系着凸字形的城市轮廓，还是构成城市格局的重要元素。1958年的总体规划还曾设计以永定河引水渠、通惠河及前三门护城河为横贯城区的景观河道，并在沿岸种植绿化带，使其成为北方城市难得的水域景观。但从二十世纪六十年代中期开始，出于战备和修筑地铁的需要，先后将前三门护城河、西护城河北段、东护城河北段与北护城河西端改为暗沟，完整的凸字形水系也失去了连续性。这些缺少城市艺术理念的规划设计，使北京原本就稀缺的水域景观进一步减少，城市艺术环境蒙受了无可挽回的损失。（见表2-2）

图 2-4　1949—1959 年间拆除城墙、城楼、牌楼位置示意图，作者制图。

1 外城城墙　2 崇文门城楼、箭台、瓮城　3 宣武门城楼、箭楼　4 阜成门城楼、箭台、瓮城　5 德胜门城台　6 安定门箭楼　7 东直门城楼、箭台　8 朝阳门城楼、箭楼　9 东便门城楼、箭台、瓮城　10 广渠门城楼、箭台　11 左安门城楼、箭台、瓮城　12 永定门城楼、箭楼、瓮城　13 右安门城楼、箭楼、瓮城　14 广安门城楼、箭楼、瓮城　15 西便门城楼、箭楼、瓮城　16 正阳桥牌楼　17 中华门　18 东交民巷牌楼　19 西交民巷牌楼　20 长安左门　21 长安右门　22 东外三座门　23 西外三座门　24 东长安街牌楼　25 西长安街牌楼　26 东单牌楼　27 西单牌楼　28 东四牌楼　29 四牌楼　30 帝王庙东牌楼　31 帝王庙西牌楼　32 大高玄殿东牌楼　33 大高玄殿西牌楼　34 大高玄殿南牌楼　35 司法部街牌楼　36 东公安街牌楼　37 千步廊皇城墙　38 西安门　39 地安门

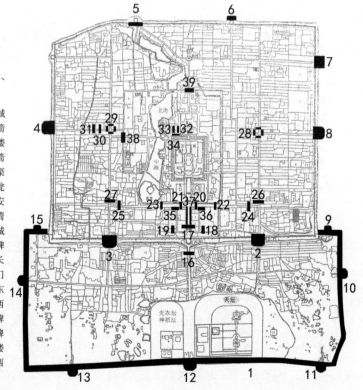

表 2-2　1949—1959 年间因旧城改造拆除的主要城市古代景观建筑

类别	建筑名称	拆除时间	拆除原因
城楼	永定门	1958 年	疏通城内外交通
	左安门	1956 年	配合道路扩建工程
	右安门	1958 年	改善城门交通状况
	广渠门（城台）	1953 年	年久失修
	广安门	1956 年	配合道路改扩建工程
	东便门	1958 年	新建火车站配套工程
	西便门	1952 年	配合道路改扩建工程
	朝阳门	1956 年	阻碍交通
	德胜门（城台）	1954 年	改善城门交通状况
	阜成门	1956 年	改善交通状况
	东直门	1957 年	改善交通状况
箭楼	永定门	1958 年	疏通城内外交通
	左安门	1953 年	年久失修
	右安门	1953 年	改善城门交通状况
	广渠门（箭台）	1953 年	年久失修
	广安门	1955 年	配合道路改扩建工程
	东便门（箭台）	1953 年	修筑铁路
	西便门	1952 年	配合道路改扩建工程
	朝阳门	1958 年	改善城门交通状况
	东直门（箭台）	1954 年	改善城门交通状况
	阜成门（箭台）	1953 年	改善交通状况
	安定门	1956 年	改善城门交通
瓮城	永定门	1951 年	改善交通状况
	左安门	1953 年	年久失修
	右安门	1953 年	改善城门交通状况
	广渠门	1953 年	妨碍交通
	广安门	1955 年	配合道路改扩建工程
	东便门	1951 年	修筑铁路
	西便门	1952 年	配合道路改扩建工程
	崇文门	1950 年	改善交通状况
	阜成门	1953 年	改善交通状况

（续表）

类别	建筑名称	拆除时间	拆除原因
皇城门	中华门	1959 年	扩建天安门广场
	长安左门	1952 年	疏通长安街交通
	长安右门	1952 年	疏通长安街交通
	西安门	1950 年	失火后拆除
	地安门	1954 年	改善路口交通
	东外三座门	1950 年	修筑长安街"林荫大道"
	西外三座门	1950 年	修筑长安街"林荫大道"
城墙	外城全部城墙（约 14410 米）	1958 年	解除交通障碍
	中华门内两侧皇城墙	1957 年	增加广场面积
角楼	外城东南	1956 年	取城墙砖
	外城西南	1953 年	残损严重
	外城东北	1958 年	配合铁路工程
	外城西北	1957 年	妨碍市政架设电线
牌楼	正阳桥牌楼 1 座	1955 年	改善交通状况
	帝王庙牌楼 2 座	1954 年	改善交通状况
	东长安街牌楼 1 座	1954 年	改善长安街交通状况
	西长安街牌楼 1 座	1954 年	改善长安街交通状况
	东公安街牌楼 1 座	1950 年	长安街道路展宽
	司法部街牌楼 1 座	1950 年	长安街道路展宽
	东交民巷牌楼 1 座	1954 年	改善交通状况
	西交民巷牌楼 1 座	1954 年	改善交通状况
	东四牌楼 4 座	1954 年	改善路口交通
	西四牌楼 4 座	1954 年	改善路口交通
	北海桥牌楼 2 座	1955 年	桥面展宽
	大高玄殿东西牌楼 2 座	1954 年	改善道路交通状况
	大高玄殿南牌楼 1 座	1956 年	道路展宽
	大井牌楼 1 座	1954 年	影响道路交通
	打磨厂牌坊 1 座	1954 年	存在安全隐患
	织染局牌坊 1 座	1954 年	存在安全隐患
	船板胡同牌坊 1 座	1954 年	存在安全隐患
	辛寺胡同牌坊 1 座	1954 年	存在安全隐患

（续表）

类别	建筑名称	拆除时间	拆除原因
其他	庆寿寺双塔2座	1954年	长安街道路展宽
	大高玄殿习礼亭2座	1956年	道路展宽
	文津街三座门1座	1950年	改善道路交通状况
	文津街三座门2座	1954年	改善道路交通状况
	北海团城东三座门2座	1954年	改善道路交通状况

资料来源：作者自制。

北京的传统城市魅力还体现于平面布局的艺术性，城楼、城墙围拥着大片低平的民居，在平缓开阔的灰色民居群中醒目地矗立着紫禁城、钟鼓楼、天坛、景山、北海白塔、妙应寺白塔等标志性建筑，城市天际线节奏清晰、错落有致，展现出北京特有的城市艺术风采。

这一时期的城市改造，不仅使北京失去了如此多的城市艺术元素，同时城市艺术设计意识的缺失，对尚存的艺术景观也造成了不同程度的损害，致使很多代表城市主要艺术特色的标志性建筑失去了原有的魅力。如：

始建于元代，融汇中国和尼泊尔建筑风格的妙应寺白塔雄壮浑厚、色泽明亮，不仅与北海白塔遥相呼应，还是城西的重要城市艺术景观。然而，"人民公社化"时期在白塔旁建起的一幢十层"公社大楼"，严重破坏了白塔与周边低平民居所构成的城市天际线的艺术节奏。

"银锭观山"是北京小燕京八景之一，也是什刹海景区的主要艺术景观。站在银锭桥上，凭栏西望，视域深远，透过后海狭长的水域及两岸垂柳，可远眺绵延叠嶂的北京西山美景，远山近水，翠柳银波，俨然一幅山清水秀的城市风景画。可后来插入景域内的一座十二层大楼（积水潭医院病房楼）打乱了景区的整体艺术平衡，成了银锭桥与西山之间的一个视觉杂障。

景山是北京城的传统制高点，从景山万春亭可南观紫禁城，北望钟鼓楼，是欣赏北京中轴线艺术景观的最佳地点。然而，在景山与钟鼓楼之间的地安门大街上，却建起了十二层的中央实验话剧院住宅楼和大型的地安门商场，严重破坏了中轴线末端的艺术景观。

这些因高度或位置不当对城市艺术景观造成的损害，无疑是当时缺乏城市艺术设计理念的结果，然而，这种现象随着新时期北京城市建设的快速发展却在不断蔓延，其原因也更加复杂化，城市艺术在以城市经济为主导的发展理念面前愈发呈现弱势。

/ 二十世纪末至二十一世纪初城市环境的演变（1990—2010）

二十世纪八十年代末至九十年代初，北京开始进入一个改革开放的快速发展时期，为适应这一形式，北京在城市规划方面提出了新的观念，其主要目的是统一认识，从社会主义市场经济发展的角度来看待城市规划问题。概括如下：

（1）经济观念：加强市场观念，研究市场规律，搞好市场预测，把市场机制引入城市规划中，总结出一套新的规划方法。规划师要学习经济学，加强规划方案的经济论证，并吸收经济学家参与规划和研究城市经济发展。

（2）区域观念：城市是一定区域范围的中心，区域经济是城市发展的基础，而城市发展对区域经济发展又有推动作用。城市规划应参与不同层次的城镇规划和区域经济规划。

（3）动态观念：市场经济是动态性经济，城市发展是以经济为依据的，城市规划不能成为追求"终极式蓝图"的静态理想规划。应不断根据市场的发展、变化进行调整，使城市规划呈现滚动式的动态特征。

（4）弹性观念：弹性规划就是为城市发展的各种可能性留有余地，增强城市适应未来社会经济各种变化的能力。弹性应主要体现在城市发展的目标预测、用地布局、定额指标、规划法规、工程规模及分期建设等层面。[1]

从以上规划观念可以看出，促进经济发展已成为城市设计的主旨。正是由于将城市经济问题带入了城市规划，在此后的二十余年里，无论城市的规模、性质，均以经济发展作为衡量其业绩的"硬指标"，艺术与科学均须让位于经济，历史文化名城亦不例外。

而此时，北京的城市环境状况已不容乐观。1986年12月26日北京市

1　张敬淦：《北京规划建设五十年》，中国书店 2001 年版，第 243—245 页。

土建学会城市规划专业委员会召开了保护北京古都风貌问题讨论会，就保护古都风貌的认识问题、如何理解旧城保护与改造关系的问题，以及如何处理新旧建筑关系等问题进行了探讨。钱铭同志在会上发言提到："现在，北京古都的风貌正在受到威胁，这种威胁不是'文革'时期人为破坏，而是所谓有'建设破坏'。在62平方公里的旧城内现有建筑约为3300万平方米，其中旧有建筑约为1300万平米，新建筑为2000万平米，已经超过了旧建筑。而现在每年仍在以新建约100万平方米，拆除15万—20万平方米的速度在进行'改建'，而这种'改建'是缺乏缜密规划的，基本上是自发的，大部分属于'见缝插针'。"他认为保护古都风貌的重点应该是62平方公里的旧城区，"旧城无论在城市规划和建筑、园林艺术上都有高度水平，堪称国之瑰宝"。[1]

北京市规划局总建筑师李准则主要从保护旧城整体风貌出发，谈了旧城建设中规划控制的重要性，并在发言中具体提出了城市建筑的限高问题。认为旧城内的建设规划应该按区而区别对待，高度的控制是保持旧城整体风貌的主要问题。"初步认为中心地区的规定仍然偏高，似应降低一级控制，即现有9米改为3米，18米改为9米，部分30米改按18米，这样保护效果可能更好一些。……形式控制也可用高度控制为基准。比如3米高度控制区可以采用北京传统建筑形式，也可采用外形、轮廓大体相似的形式；9米高度控制区应控制与古建筑相协调，色彩控制也可用高度控制为基准。比如3米高度控制区应以深灰、浅灰色调为主，严禁使用鲜艳、光亮和白淡的色调；9米和18米高度控制区除一般不要大面积使用诸如黄色琉璃等耀眼色彩外，还要注意应与附近建筑色彩相谐调。"[2]

在旧城整体风貌控制的问题上，专业人士的注意力更多的还是在对城市建设的科学控制和艺术效果上。以此看，城市艺术设计与经济利益之间的矛盾始终存在着。

1　钱铭：《维护北京古都风貌问题学术讨论会发言摘登》，载《建筑学报》，1987年第4期，第22—29页。
2　李准：《维护北京古都风貌问题学术讨论会发言摘登》，载《建筑学报》，1987年第4期，第22—29页。

　　1992 年，北京确立了改革发展的重要目标——"把首都建成现代化国际大都市"。在此目标的指引下，1993 年北京的城市开发规模进一步扩大，开发商热衷于投资规模大、利润高的商厦、写字楼、高级宾馆等项目。在建设过程中不时出现违背和摆脱城市规划的现象，在经济利益驱使下，用地性质、用地面积、容积率、建筑限高、建筑密度、绿化率等屡遭突破，大量的"现代化"建筑如雨后春笋般在历史城区崛起。

　　1994 年 6 月，北京市下发《北京市人民政府办公厅转发市建委关于进一步加快城市危旧房改造若干问题报告的通知》（京政发〔1994〕第 44 号），将危改专案的审批权下放到区一级政府。危改的步伐进一步加快，范围也从过去的局部危改变为成片的大规模改造，并逐步向中心城区发展。

　　到二十一世纪初，"过热"的城市开发使北京的城市艺术环境产生了巨大变化。不惜以牺牲历史城市环境为代价的危旧房改造使已经失去艺术完整性的城市环境更加支离破碎，城市肌理、城市色彩和城市天际线的传统艺术魅力几乎消失殆尽。从二十世纪末到二十一世纪初的二十余年间，北京危改拆迁面积约占历史城区的 50%，被拆除的街巷胡同近 1000 条。现存的旧城区域在版图上已沦落为从属地位，传统街巷胡同的数量从 1990 年的 2242 条剧减为现在的约 1300 条。（见图 2-5、图 2-6）

表 2-3　明、清、现代及当代北京城区街巷数目概况 *

单位：条

时期	地区	胡同（含条）		街	巷	道	路	合计	总计
		胡同	条						
明	内城	336	48	16	3	3		898	
	外城	129	29	11	0	0		390	1288
	合计	465	77	27	3	3		1288	
清	内城	804	115	21	36	8		1497	
	外城	317	66	11	21	2		714	2211
	合计	1121	181	32	57	10		2211	

（续表）

时期	地区	胡同（含条）		街	巷	道	路	合计	总计
		胡同	条						
现代	内城	725	88	126	27	35	18	1710	2623
	外城	234	151	78	30	21	5	913	
	合计	959	293	204	57	56	23	2623	
		1198							
当代	东城西城	865	149	212	274	19	31	1758	3053
	崇文宣武	339	211	215	251	15	46	1295	
	合计	1204	360	427	525	34	77	3053	
		1564							

资料来源：张清常，《北京街巷名称史话》，北京语言文化大学出版社 1997 年版，第 367 页。

* "明（嘉靖三十二年以后）、清、现代的北京面积完全相同。当代的北京市城区实际面积稍大于旧北京内外城。当代将城墙拆除之后，也就很自然地把一小部分原为"附郭"（靠原城墙边儿上的近郊）划入旧内外城来……总计所增加的总面积几乎接近小半个旧外城哩。仔细抠吧，比旧北京城多了不少面积；……如果从街巷数目的角度来看，解放后旧北京城原有街巷被归并掉的有 1036 条。"（《胡同及其他》第 239 页）

　　《北京街巷名称史话》记录的当代街巷数目为 3053 条，而《北京胡同志》所记：1949 年旧城胡同数量则为 3073 条，1990 年旧城胡同尚存 2242 条，2003 年旧城胡同仅剩 1560 条。2010 年旧城胡同数量为作者根据拆迁情况粗略统计得出，实际情况应不足 1300 条。

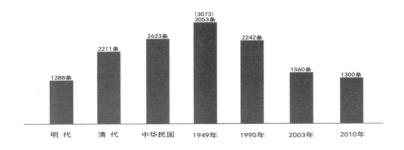

图 2-5　北京旧城不同历史阶段胡同数量

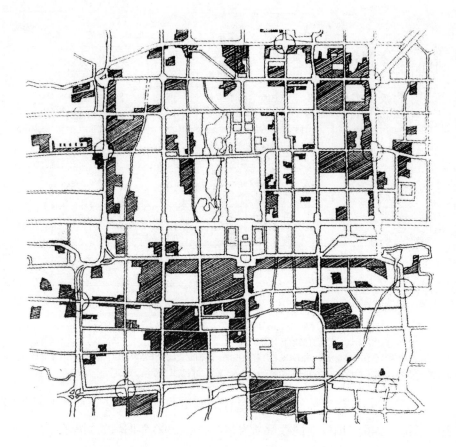

图 2-6　1991 年北京市有关部门确定的成片危旧房分布图

资料来源：北京市规划设计研究院。

表 2-4　二十世纪九十年代初期开始在北京旧城区危房改造中拆除的部分街巷
胡同（1992—2010 年）

时间	位置	被拆除的部分街巷胡同
1992 年	西直门内桃园胡同一带	东桃园胡同、前桃园胡同、后桃园胡同、五根檩胡同、石碑大院、葡萄院、桦皮厂二巷、桦皮厂三巷、桦皮厂胡同北段、马相东巷、马相西巷、西直门北顺城街、铁狮子巷、西教场胡同、前英房胡同、后英房胡同、黑塔胡同、永泰胡同、前牛角胡同、穿堂门胡同北段、新如意胡同、东光胡同、后牛角胡同、大丰胡同
	建国门内大街南侧	黄土大院、水磨后巷、南裱褙胡同、东裱褙胡同、老钱局胡同

（续表）

时间	位置	被拆除的部分街巷胡同
1994 年	复兴门北大街至太平桥大街南段之间	广宁伯街、半截胡同、松柏胡同、真武胡同、锦帽胡同、枣林街、学院胡同、屯绢胡同、按院胡同、花园宫胡同、花园宫东巷、百子胡同、松鹤胡同、南兴盛胡同、西兴盛胡同、成方街、藤牌营胡同、大沙果胡同、小沙果胡同、大门巷、闹市口北街
	西单北大街西侧	达智胡同、民丰胡同、白庙胡同、小磨盘胡同、达智西巷、东京畿道、皮裤胡同、新皮裤胡同、大木仓胡同、大木仓北一巷、大木仓北二巷、石缸胡同、乐全胡同、西槐里胡同、西斜街东端、辟才胡同东段、大木仓南巷、宏庙胡同东段
	北京站街东侧	北京站一巷、北京站二巷、北京站三巷、西端胡同、东表褙胡同、水磨胡同
	西直门南大街至西直门南小街之间	南大安胡同、中大安胡同、永祥胡同、永祥东巷、永祥西巷、国英胡同、地昌胡同、八个门胡同、晓安胡同、钥匙胡同、晓安南巷、弓背胡同、南弓背胡同、北弓背胡同、前半壁街西段南侧、西直门南小街北段西侧阴凉胡同
1995 年	辟才胡同至后泥洼胡同之间	跨车胡同、南算子胡同、北算子胡同、南榆钱胡同、北榆钱胡同、南千章胡同、北千章胡同、南太常胡同、北太常胡同、南丰胡同、北丰胡同、南半壁胡同、北半壁胡同、化枝巷、锁链胡同、南骆驼湾、北骆驼湾、什坊小街、树荫胡同、辟才五条、辟才六条、辟才小六条、辟才胡同西段北侧
1996 年	西单路口西北角一带	民丰胡同南侧、白庙胡同、白庙横胡同、复内大街东端北侧
1998 年	宣武门外椿树胡同一带	北椿树胡同、东椿树胡同、西椿树胡同、椿树横胡同、椿树上头条、下头条、椿树上二条、下二条、椿树上三条、下三条、前青厂胡同南侧、西草厂街东段北侧、永光东街南段
	大雅宝胡同南侧一带	大雅宝胡同（南侧）、弘同二巷、北牌坊胡同、先晓胡同、艺华胡同
	宣武门外菜市口胡同一带	菜市口胡同、儒福里、官菜园上街、天景胡同、北半截胡同、自新路、育新街、永乐里、平渊东里
	崇文门外西花市大街与广渠门内大街之间	包头胡同、黄家店胡同、手帕胡同、缨子胡同、刚毅胡同、镜子胡同、包头东巷、健康里、康里西巷、西花市大街南侧、南羊市口街西侧、北河槽胡同西侧

（续表）

时间	位置	被拆除的部分街巷胡同
1999年	安定门内箭厂胡同西侧	永康胡同、箭厂胡同、前肖家胡同、大格巷
	崇文门外大街西侧	高营胡同、高营南横巷、高营北横巷、南五老胡同、银丝胡同、中槐胡同、珊瑚胡同、珊瑚南巷、清水营胡同、香串胡同、远望东街、东茶食胡同、广兴胡同、风箱胡同、苗家胡同、打鼓巷、东兴隆街东段
	前车胡同一带	前车胡同、后车胡同、育教胡同
	西直门内赵登禹路北端西侧	东冠英胡同、柳巷、北魏胡同、大后仓胡同、南草街北段东侧
2000年	东单北大街东侧	遂安伯胡同
2001年	广宁伯街至武定胡同之间	武定胡同、孟端胡同、玉带胡同、小盆胡同、大盆胡同、锦南小巷、友爱巷、四井胡同、勤俭胡同、前撒袋胡同、后撒袋胡同、烟筒胡同、轳辘把胡同、东养马营胡同、巨德里、西养马营胡同、锦什坊街、机织卫胡同、后楼胡同
	交道口东大街南侧	土儿胡同、明亮胡同、香饵胡同北侧
	朝阳门内北小街东侧	烧酒胡同、吉兆胡同、宝玉胡同、墨河胡同、南弓匠营胡同、仓南胡同、后石道胡同、南利民胡同、福夹道、罗家大院、豆瓣胡同、南豆芽胡同、梁家大院、南沟沿胡同、南门仓胡同、东门仓胡同、北豆芽胡同、豆嘴胡同、东门仓横胡同、椅子胡同
	东直门内南小街海运仓一带	海运仓胡同、东颂年胡同、西颂年胡同、南颂年胡同、蒋家胡同、扁担胡同、蚂螂胡同北门仓胡同、夹道仓胡同、北弓匠营胡同
	安定门内花园胡同与花园东巷之间	花园胡同、花园东巷
	安定门内大街车辇店胡同南侧	谢家胡同、车辇店胡同东段、分司厅胡同
	东直门内北小街东侧一带	东羊管胡同、西羊管胡同、东手帕胡同、西手帕胡同、民安胡同、民安东巷、民安西巷、南马勺胡同、北马勺胡同、东扬威胡、针线胡同、针线一巷、针线二巷、马道胡同、案板胡同、旗杆胡同、北官厅胡同、东直门北小街

（续表）

时间	位置	被拆除的部分街巷胡同
2001 年	新街口北大街西侧	新街口胡同、新街口头条、新街口二条、新街口三条、新街口小三条、新街口四条、新街口七条、泉阳胡同、大铜井胡同、红园胡同、寿屏胡同、东教厂胡同、中教厂胡同、西教厂胡同、有果胡同、珠八宝胡同、长春胡同、东新开胡同、西教厂小二条、西教厂小三条、西教厂小四条、西教厂小五条、西教厂小六条、西教厂小七条、前章胡同、后章胡同、西章胡同、永泰胡同、东光胡同、西井胡同、青柳巷胡同、高井胡同、前英房胡同、后英房胡同、前牛角胡同、后牛角胡同、大丰胡同、黑塔胡同、北草厂胡同
2002 年	西城区官园一带	官园胡同、义伯胡同、福绥镜、前纱络胡同、后纱络胡同、翠花街、翠花横街、大茶叶胡同、大玉胡同、小玉胡同、狮子胡同、狮子西巷、东留题胡同、东廊下胡同、西廊下胡同、南小街、小太平胡同、前秀才胡同、中秀才胡同、后秀才胡同、冰洁胡同、西弓匠胡同、宏茂胡同、鞍匠胡同、秀洁胡同
	广渠门内大街北侧	南角湾、北角湾、白桥西巷、下宝庆胡同、东花市斜街、下堂子胡同、下塘刀胡同、中国强胡同、炕儿胡同、天龙东里、天龙西里
	宣武门东大街北侧	西新帘子胡同、西旧帘子胡同、西松树胡同、枣树胡同、新碧街、西中胡同、翠花湾、什家户胡同、明光胡同、南翠花街、南所胡同、和内横街
	建国门内大街北侧	禄米仓胡同、大方家胡同、赵堂子胡同、武学胡同、大雅宝胡同、盛芳胡同、小雅宝胡同、禄米仓南巷、禄米仓北巷、禄米仓东巷、禄米仓西巷、禄米仓后巷、春松胡同、小牌坊胡同
	朝阳门内南小街东侧	朝阳门内南小街、小方家胡同、阳照胡同、牌楼馆胡同、南水关胡同、前芳嘉园胡同、后芳嘉园胡同、芳嘉园胡同、红岩胡同、竹杆胡同、南竹杆胡同、北竹杆胡同、新鲜胡同、东水井胡同、西水井胡同
	东城区大雅宝胡同一带老城区	盛芳胡同、大雅宝胡同、松树院、春松胡同
	磁器口以东路南侧	石板胡同、东马尾帽胡同、东利市营胡同

（续表）

时间	位置	被拆除的部分街巷胡同
2002年	菜市口东北角一带	裘家街南段东侧、四川营胡同西侧、棉花头条、棉花上二条、棉花上四条棉花上六条西段南侧
	东四路口东南一带	前炒面胡同、后炒面胡同、前拐棒胡同、大通胡同、小通胡同
2003年	宣武门内大街东侧	前牛肉湾、后牛肉湾、西栓胡同、大方胡同、油坊胡同、嘎哩胡同、贤孝里、象牙胡同、西安福胡同、安儿胡同、未英胡同、西绒线胡同（西端）、刚家大院、惜阴胡同、新昌胡同、惜水胡同
	宣武门外东侧永光西街一带	西草厂街西段北侧、永光西街、八宝甸胡同、前青厂街西端南侧
	复兴门内闹市口东南一带	文昌胡同、察院胡同
	宣武门外大街东侧	香炉营头条、香炉营二条、香炉营三条、香炉营四条、香炉营五条、香炉营、香炉营东巷、北极巷、周家大院、顺德馆夹道、永光东街、海柏胡同、枣林胡同、北柳巷、大沟沿胡同、后青厂胡同、后青厂东巷、后青厂西巷、西茶食胡同、方壶斋胡同、前铁厂胡同、后铁厂胡同、香儿胡同、北柳夹道、西北园一巷、西北园二巷、西北园三巷、西北园胡同
2004年	旧鼓楼大街	东西两侧临街老建筑
	崇文门外大街东侧花市一带	花市上头条、花市上二条、花市上三条、花市上四条、花市中三条、花市中四条、北小市口街、北羊市口街西侧、西花市北一巷、花市大街北侧
	丰盛胡同北侧一带	丰盛胡同、山门胡同、能仁胡同、小珠帘胡同、鲜明胡同、留题迹胡同、水大院胡同、大院胡同、三道橱栏胡同、四道湾、南玉带胡同、南玉带西巷、小院胡同、苇箔胡同、图壁厂胡同、兵马司胡同、南四眼井胡同、敬胜胡同、砖塔胡同西端
2005年	宣武区煤市街	东堂子胡同、红星胡同
	前门大街东侧	大江胡同、罗家井胡同、得丰西巷、冰窖胡同、长巷头条、后营胡同、南小顺胡同、鲜鱼口街、庆隆胡同
	菜市口南大街东侧	米市胡同、包头章胡同、贾家胡同、潘家胡同、前兵马街、中兵马街、后兵马街、平坦胡同、大坦胡同、迎新街西侧部分、南横东街西段北侧

（续表）

时间	位置	被拆除的部分街巷胡同
2005 年	佟麟阁路北段西侧	文华胡同、文昌胡同、新文化街、佟麟阁路
	菜市口东北角一带	山西街、宏业里、铁门胡同、棉花下七条
2006 年	菜市口东北角一带	山西街、教佳胡同、棉花下七条、棉花八条、棉花九条、裴家街、椅子巷、西草厂街
	煤市街东侧	廊房头条、廊房二条、甘井胡同、粮食店街、珠宝市街、湿井胡同
	前门东侧一带	大江胡同、小江胡同、冰窖厂胡同、南晓顺胡同、北晓顺胡同、鲜鱼口街、罗家井胡同、前营胡同、后营胡同、得丰西巷、庆隆胡同、西河沿街、长巷头条、西兴隆街、西打磨厂街、肉市街、肉市一巷、布巷子、肉市二巷、西湖营胡同、南翔凤胡同、北翔凤胡同、果子胡同、新革路、新潮胡同、东八角胡同、西八角胡同、薛家湾胡同、南芦草园、中芦草园、北芦草园、草厂头条、草厂二条、草厂三条、草厂九条、草厂十条
	南新华街南段西侧一带	前孙公园胡同、东富藏胡同、梁家园西巷、梁家园北巷、兴胜胡同、南新华街
2007 年	菜市口东北角一带	裴家街、四川营胡同、教佳胡同、棉花五条、棉花上六条、棉花下六条、棉花上七条、棉花下七条、棉花八条
	东、西晓市街北侧	鲁班胡同、后池西街、锦绣头条、锦绣二条、锦绣三条、锦绣四条、锦绣巷、香椿胡同、安国南巷、南桥湾街
	菜市口西南角一带	西砖胡同、莲花胡同、法源寺后街、永庆胡同、醋章胡同、培育胡同、门楼巷
	菜市口东南角一带	米市胡同、菜市口胡同、骡马市大街、潘家胡同、大吉南巷、大吉北巷、保安寺街、果子市、方盛园胡同、包头章胡同、贾家胡同、北堂子胡同、高寨胡同、和平巷、粉房琉璃街、福州馆街、福州馆前街、响鼓胡同、前兵马街、中兵马街、后兵马街、平坦胡同、大坦胡同、南横东街迎新街
2009 年	菜市口西北角一带	校场口胡同、海滨胡同、定居胡同、校场小五条、车子营、夹道居、狮子店、广安东里、广安西里、广安北巷
2010 年	西晓市街北侧一带	苏家坡胡同、西晓市街、大市胡同、东半壁街、大市新胡同

资料来源：根据蔡青《百年城迹》一书中 1992 年至 2010 年北京街巷胡同拆除记录整理。

图 2-7（1） 西直门内桃园胡同一带老城区

图 2-7（2）　西直门内大街东段北侧老城区

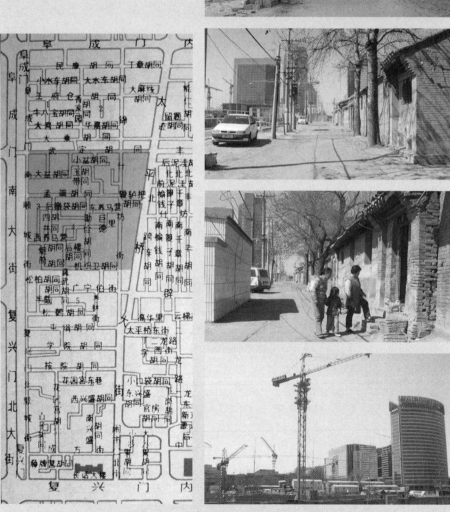

图 2-7 （3）　广宁伯街至武定胡同之间老城区

图 2-7（4）　朝阳门内南小街东侧老城区

图 2-7（5）阜成门内官园一带老城区

图 2-7（6）　菜市口西北角（广安片）一带老城区

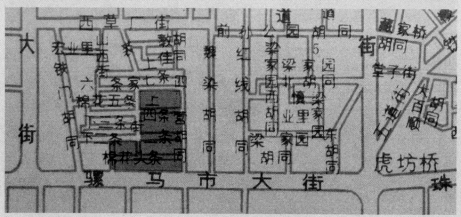

图 2-7（7） 菜市口东北角（棉花片）一带老城区

图 2-7 (8)　宣武门外大街东侧老城区

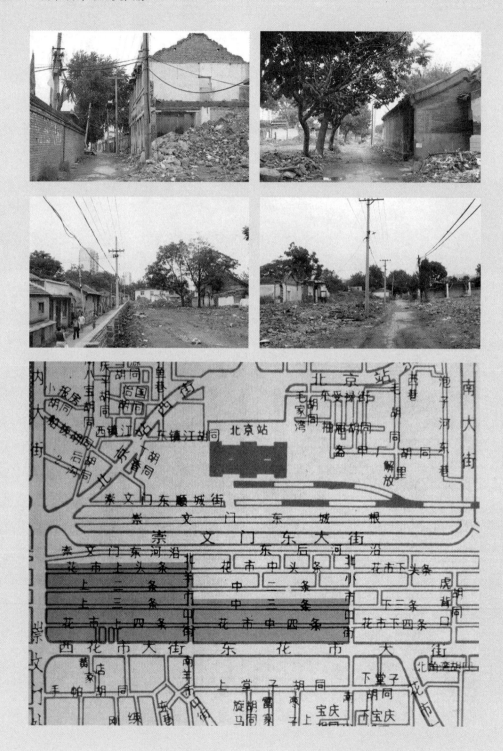

图 2-7（9）　崇文门外大街东侧花市一带老城区

图 2-7（10）　丰盛胡同北侧老城区

图2-7（11）　前门大街东侧部分老城区

图2-7（12）　菜市口西南角（菜市口西片）一带老城区

图2-7（13）东晓市街西端北侧老城区

图 2-7（14）　菜市口南大街东侧（大吉片二、三、四期）一带老城区 1

图 2-7（15） 菜市口南大街东侧（大吉片二、三、四期）一带老城区 2

图 2-7（16）　西晓市街北侧一带老城区 *

＊ 图 2-7（1）—图 2-7（16）为蔡青、严师摄。

在经历了二十世纪末的城市危改后，北京的整体艺术环境严重恶化，随着旧城危改政策在二十一世纪初的持续推进，成片的历史街区和胡同仍在不断被拆除。与此同时，大批北京原住居民被迁出旧城，然而，市民外迁并没有达到人口疏解的目的，旧城原址的业态更新又引入大量的商业、金融、办公等新产业和高密度住宅，更多的机构和外来人口涌入旧城区。简·雅各布斯在《美国大城市的死与生》一书中认为，城市的大规模改造是一种"天生浪费的方式"，而"以一定数量的金钱在一定的时间内可以彻底清除贫民窟并解决交通拥堵与其他相应问题"的想法是一个"愚不可及的神话"。[1]

据《北京晚报》报道，"在关于加强历史街区保护的调研报告中，市政协指出，近5年来，旧城户籍人口减少了13万，与此同时，外来人口却增加了10万，不仅带来了与原有文化氛围不相协调的生活习惯和一些低端业态，也带来了大量管理难题。……根据五普、六普统计年鉴数据，2005年旧城常住户籍人口114万，常住外来人口25万；而到了2010年，旧城常住户籍人口减少到101万，减少了13万人，而常住外来人口却增加到35万，5年增加了10万人"。[2]北京原住民的迁出，不但未起到疏解城市功能压力的作用，反而带来中心城区人口的进一步聚集，旧城区规划人口90万的目标很难实现。

原有居民的迁出也使城市软文化不断流失，传统城市人文环境的进一步弱化，给城市艺术环境带来的可能是更大的危机。

"21世纪城市"会议（德国柏林2000年7月）关于城市未来的《柏林宣言》指出："城市既要注意保持保护自己的历史遗产，也要使她变成美丽的地方，让她的艺术气息、文化氛围、建筑和风景为市民带来欢乐和灵感。"

2010年3月，北京市规划委员会在《北京市历史文化名城保护工作情况汇报》中提出，北京旧城"整体环境持续恶化的局面还没有根本扭转。如

---

1 〔加拿大〕简·雅各布斯：《美国大城市的死与生》，金衡山译，译林出版社2012年版。
2 孙颖：《旧城腾笼换鸟换来外来人口》，载《北京晚报》，2014年7月30日第8版。

对于旧城棋盘式道路网骨架和街巷、胡同格局的保护落实不够，据有关课题研究介绍，旧城胡同 1949 年有 3250 条，1990 年有 2257 条，2003 年，只剩下 1571 条，而且还在不断减少。33 片平房保护区内仅有六百多条胡同，其他胡同尚未列入重点保护范围内"。[1]

在中心城 1085 平方公里的面积中，北京旧城只占 5.76 %，旧城内划出的 33 片保护区，也只占旧城面积的 33 %。不难想象，受保护的 33 % 分散为 33 个片区，支离破碎，焉有城市的整体形象可言。更不用说，在"保护性拆除"和"维修式拆迁"的口号下，连保护区有时都自身难保。而且，修旧如新的改造方式也使城市传统艺术环境蒙上一层道具式的色彩。

历史城区的大面积拆迁使北京城市环境的艺术气息、文化氛围受到严重破坏，即使有一些文物建筑和院落被保留下来，其文物价值和艺术感染力也会因其周边原生态环境的消失而大打折扣，一些孤立的文物建筑散落于城市的各个角落，在新建筑庞大身躯的挤压下，如盆景般成了陪衬物。"皮之不存，毛将焉附"？只有保住城市环境特有的整体性，艺术才有生存的土壤。针对危改中大量拆除胡同和四合院的做法，舒乙先生曾经指出："如果说当年拆城墙是一个错误，那么我们今天可能正在犯第二个错误。"[2]并呼吁"保卫北京胡同和四合院。"[3]

1　北京市规划委员会：《北京市历史文化名城保护工作情况汇报》，2010 年 3 月。
2　舒乙：《拯救和保卫北京胡同、四合院》，载《北京规划建设》，1998 年第 2 期，第 30—32 页。
3　同上。

表 2-5 北京不同时期总体规划的主要特征 *

规划 \ 年份		1954 年	1958 年（6 月）	1958 年（9 月）	1982 年	1993 年	2004 年
A. 城市性质	政治 / 行政	全国的核心；共产式生活；社会主义城市	全国政治，文化及教育中心	政治、文化及教育中心；消除"三大矛盾"；旧北京不适应现代社会主义	政治以及文化中心，全国在科技、文化教育及道德之首市	政治与文化中心，世界著名古都和现代国际城市	政治与文化中心，世界著名古都和现代国际城市
	经济	强大的工业、技术及科研中心	现代工业及科技中心	为工农生产服务要急促成为现代工业基地	配合和为首都之功能服务	国际交往中心	国家首都、世界城市、文化名城、宜居城市
B. 城市规模	总面积（平方公里）	—	8700	17200	16800	16808	16410
	市区面积（平方公里）	60	—	640	750	1040	1085
	总人口（万人）	500	1000	1000	1000	1290（2000）1410（2010）	1800（2020）
	市区人口（万人）	—	600	350	400	600（2000）650（2010）	850（2020）
C. 空间结构		清楚的功能分隔	子母城式	分散集团式	分散集团式；子母城式	分散集团式、卫星城	分散集团式、两轴两带多中心

（续表）

规划 \ 年份		1954 年	1958 年（6 月）	1958 年（9 月）	1982 年	1993 年	2004 年
D.住宅	基本规划单位	"大街坊"面积 9—15 公顷，密度 500 人/公顷，附有相应设施和服务单位	—	人民公社	"居住区""居住小区"	居住区居住社区居住专案	—
	楼宇高度	4—5 层：沿路/街 8 层	4—8 层：沿路/街 10 层		5—6 层：沿路/街 10 层	不限制	不限制
	人均居住面积	9 平方米	9 平方米	9 平方米	9 平方米（2000 年可达）	人均住宅使用面积 2000 年 14 平方米左右（居住面积 9、5 平方米左右），2010 年 16.5 平方米左右（居住面积 11 平方米左右）	中心城人均住宅建筑面积约 37 平方米
E.绿化	绿地及空地中心区	—	—	占总面积 40%	至 2000 年达人均 10.5 平方米	2000 年绿化覆盖率 35%，人均公共绿地 7 平方米。2010 年绿化覆盖率 40%，人均公共绿地 10 平方米	绿化覆盖率为 46%—50%；人均绿地面积为 40—45 平方米，人均公共绿地面积为 15—18 平方米
	其他地区	—	—	占总面积 60%	至 2000 年全市绿化面积达 28%	—	—

资料来源：北京建设史书编辑委员会编，《建国以来的北京城市建设资料》（第一卷·城市规划），1987 年。转引自薛凤旋、刘欣葵，《北京：由传统国都到中国式世界城市》，社会科学文献出版社 2014 年版，第 114—115 页。

＊　此表是笔者根据资料来源中的表格重新绘制而成的。

"城市艺境"之殇——城市发展进程中的历史性失误

∕城市环境建设进程中整体控制力的缺失

在新时期北京城市发展中，城市规划和开发商之间的矛盾始终存在着，作为商人，自然希望在旧城区的危改中获取更高的利益，于是有些人便把心思用在了修改城市规划上，试图通过突破规划限制获取高额利润。

北京的城市规划是城市整体艺术环境的基本保障，按照总体规划，北京首先是全国的政治和文化中心，中心城区应体现出政治中心和文化中心的城市环境特质。而且北京还是历史文化名城，拥有大量的文物建筑，其环境特色是以紫禁城为中心构成平缓开阔的城市艺术空间。

然而，在旧城区的危改建设中，城市规划经常处于尴尬的境地，限高、用地面积、建筑面积、绿地面积、容积率等屡遭突破。以金融街和北京站的两幢建筑为例，"按规划要求，这两处的建筑限高都为 30 米，最大容积率都为 3—3.5。但是实际建设结果，前者占地 1.39 公顷，总建筑面积 11.13 万平方米，容积率达到 8.01，比规划高出 4.51—5.01，最大建筑高度 68.63 米，比规划超出 38.63 米；后者占地 3 公顷，总建筑面积 28.36 万平方米，容积率达到 9.45，比规划高出 5.95—6.45，最大建筑高度 85.3 米，比规划超出 55.3 米。这种突破规划控制的例子绝不是个别的，更不用说在王府井南口、东长安街上的占地大到 10 公顷、总建筑面积多达七十多万平方米，高七十多米（规划限高 30 米）的'东方广场'了。对这类明目张胆地无视规划的违章行为，理应一经发现就及时制止，不能让其通行无阻，情节严重者应依法严肃处理。"[1]

在落实高度控制上，建筑高度分为六个等级：平房（3.3 米以下），9 米以下，18 米以下，30 米以下，45 米以下及 60 米以下。[2] 一般来说，城市的建筑轮廓线可分为三种模式。（见图 2-8）

1　张敬淦：《北京规划建设五十年》，中国书店 2001 年版，第 257 页。
2　王屹：《关于北京建设高度控制的分级问题》，载《北京规划建设》，1989 年第 4 期，第 42—44 页。

1、金字塔型

2、盘地型

3、马鞍型

图 2-8　北京市市中心区高度轮廓线的三种可能模式

资料来源：范耀邦，《北京高层住宅布局与高度分区探讨》，载《北京规划建设》，1989 年第 2 期，第 24—27 页。

北京市 1985 年的控高规划设计为"盘地型"模式。但也有观点认为"马鞍型"更适合北京的实际状况，即旧城区为中间平缓地带，以二环路为两个凸起的高峰。（见图 2-9）

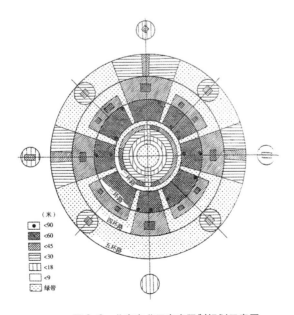

（米）
- <90
- <60
- <45
- <30
- <18
- <9
- 绿带

图 2-9　北京市分区高度限制规划示意图

资料来源：王屹，《关于北京建设高度控制的分级问题》，载《北京规划建设》，1989 年第 4 期，第 42—44 页。

对于北京的高度分区控制，李准提出过一个理念，即一类地区为非建设地带；二类为风貌保护区和文物控制区；三类地区为风貌控制区。（见图2-10）

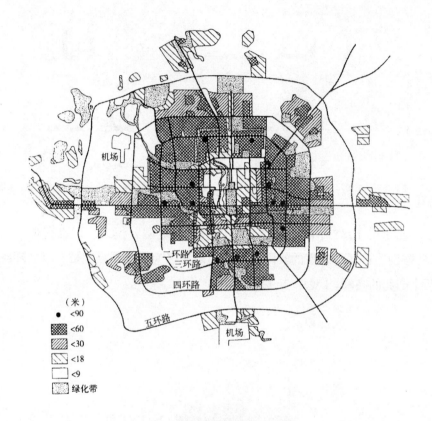

图 2-10　北京市高度限制建议示意图

资料来源：王屹，《关于北京建设高度控制的分级问题》，载《北京规划建设》，1989 年第 4 期，第 42—44 页。

这一高度分区的方法基本符合北京的规划思路。2005 年的北京中心城控制性详细规划的高度分区也与其相近，新建筑不能超过 45 米。

但在现实中，当开发商的要求和城市规划发生矛盾时，规划部门往往显得力不从心。由于危改属于政府行为，开发公司和规划部门都要听命于政府。规划部门的职责是把控城市整体布局，开发商则以获取经济利益为主要目的，而作为两手都要抓的各级政府此时的态度多是要求规划部门做出妥协，围绕规划讨价还价的结果往往是"规划让一让，开发也让一让"，最后

的结果大多是建设项目在限高、用地性质、建筑面积、容积率等方面突破规
划限制。

/ 逝去的城市整体艺术环境

城市整体艺术环境是不可再生的城市文化资源，作为一个具有三千多年
建城史和八百多年建都史的历史文化名城，北京累积了厚重的艺术文化积
淀。但在近现代的一百多年中，北京的城市整体艺术环境不断被侵蚀，下列不
同时期的北京城区平面图形象、概括地展现了这座城市整体艺术环境的演变。

1.《详细帝京舆图》[光绪三十四年（1908），图2-11]

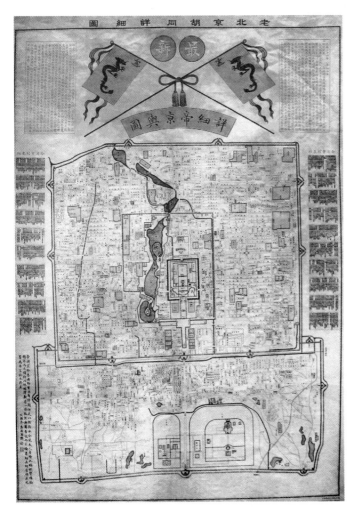

图2-11 《详细帝京舆图》
资料来源:《老北京胡同详细
图》,中国画报出版社2000
年版。

图中详细记录了当时京师的整体城市艺术风貌，对于主要的城市景观建筑群都在其所处位置标示了明显的色彩，这些城市建筑及景观区域也有明确的文字标注。图中载有北京内、外城的 16 组城门建筑群；内城、外城、皇城和紫禁城的城墙位置；内外城的 8 个角楼；全城水系的分布状况；城内的主要牌楼等，并在图两侧以文字注明京城 400 余个各省会馆的名称与地址。

至于街巷胡同有图跋记："帝国京师巷曲纷繁非有详图何足以供指示今见友人自绘此幅校雠备极精详而又增饰以彩线裨观者一目豁然与向有考而不备者相去何啻倍蓰也略为弁言诰之于左。"[1] 图中详细绘制了街巷胡同的分布、走向及穿插关系，标注了每条胡同的名称。从历史发展进程看，这份《详细帝京舆图》无疑是近现代能够体现北京城整体艺术风貌的一个完整版本。

2.《北平市全图》[民国十五年（1926），图 2-12]

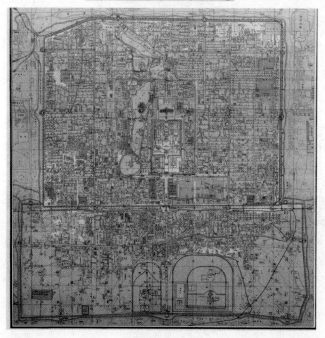

图 2-12 《北平市全图》

资料来源：苏甲荣编制，日新舆地学社出版，《北平市全图：民国时期老地图》，中国地图出版社2006 年版。

1　《详细帝京舆图》，见《老北京胡同详细图》[光绪三十四年（1908）]，中国画报出版社 2010 年版。

图中记录了民国初期十多年来北平整体城市艺术风貌的演变，从图中可以看出北平城的整体城市艺术风貌尚存，最大的变化是皇城墙大部分被拆除。

民国十年（1921），市政府决定开辟和平门并将西城大明濠改为暗沟，两个颇具规模的工程相继开工，为解决工程费用不足的问题，当时竟然采取拆东墙补西墙的办法，拆皇城墙取砖用于两项工程。

民国十年（1921），先拆除东安门至大甜水井一段皇城墙，继而又拆除了西安门以南至灰厂（灵境胡同）之间的皇城墙。

民国十一年（1922），拆除皇城东垣南段，北御河桥以北的皇城墙。

民国十三年（1924），拆除东方时报社以北至大甜水井豁口之间的皇城墙。

民国十五年（1926），拆除东安门以北至皇城东北角之间的皇城墙，继而拆除西安门以北至皇城西北角处皇城墙及地安门东宽街一带皇城墙。

这张民国十五年的《北平市全图》显示了当时皇城墙残缺不全的状况，从图上可以看到，当时西安门以北的皇城墙、西皇城墙南端、地安门东西两侧皇城墙及天安门两侧的南皇城墙尚存。此后，民国十六年（1927）又相继拆除了地安门东西两侧皇城墙和大甜水井以南皇城墙。在短短的数年里，北京的皇城墙几乎被拆除殆尽。

民国十六年八月，国民政府成立"查办京师拆卖城垣办事处"，对皇城墙的拆卖行为进行调查，至此，对皇城墙的拆除才停止，但有着五百多年历史的北京皇城仅剩下南墙、西皇墙南端、及北墙西边的一小段墙了。

同为北京的城墙，与城砖砌筑的内、外城和紫禁城不同的是，皇城墙有着黄琉璃瓦墙帽和红垩土墙身，显著的皇家风范构成了京城的一道特殊风景线。民国初期对北京皇城墙的毁灭性拆除，无论从城市平面布局、城市色彩还是城市景观来看，都是对城市整体艺术形象的严重损害。

3.《最新北平大地图》（解放版，图 2-13）

图 2-13 《最新北平大地图》（1950 年）

资料来源：邵越崇编著，《最新北平大地图》，武汉测绘科技大学出版社 1999 年版。

　　此图记录了新中国成立初期北京整体城市艺术风貌。图中显示，除皇城城墙大部分被拆除，北京城的整体城市布局和主要传统建筑仍在，胡同尚存三千余条，全城水系完整，城市的整体艺术风貌依然存在。

4.《北京旧城区1990年地图》（1990年，图2-14）

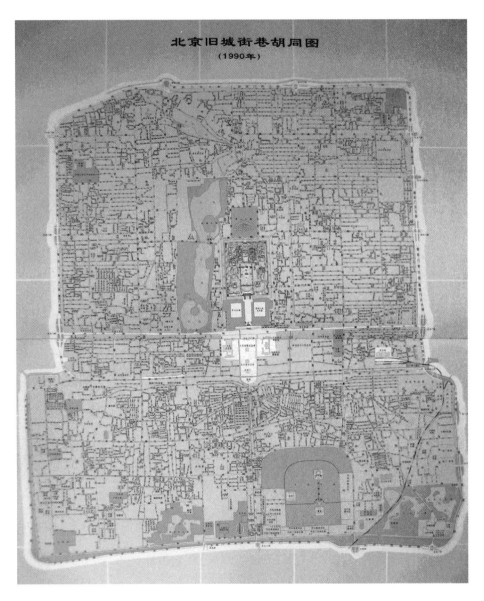

图2-14　《北京旧城区1990年地图》（1990年）

资料来源：段柄仁、王铁鹏、王春柱、侯宏兴，《北京胡同志》（上册），北京出版社2007年版。

　　此图显示了1990年北京旧城区的城市环境状况，此时内外城的古城墙及大多数牌楼早已不在，旧城胡同还剩两千二百四十多条。

5.《北京旧城区危改拆迁区域示意图》（1992—2010 年，图 2-15）

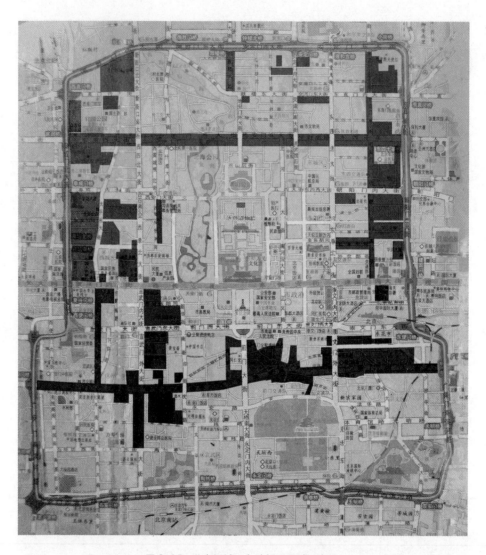

图 2-15 北京旧城区危改拆迁区域示意图

资料来源：作者绘制。

　　此图记录了 1992 年至 2010 年北京旧城区危改拆迁的状况，图中深色为旧城区已实施危改拆迁的区域，在这段时间里，北京的胡同数量由两千二百四十多条剧减为一千三百多条。

/ 局部残存、风貌不在——失去完整性和原真性的城市艺境

历史城市的艺术魅力在于其完整性和原真性[1]，很难想象，当城市风貌失去"整体性"，城市历史环境失去"原真性"后还有多少艺术价值可言。

关于"整体性"和"原真性"的问题，温家宝同志曾在中国市长协会第三次代表大会上指出："历史文化遗产的保护，要根据不同特点采取不同方式。对于'文物保护单位'，要遵循'不改变文物原状的原则'，保存历史的原貌和真迹。对于代表城市传统风貌的典型地段，要保存历史的真实性和完整性。对于历史文化名城，不仅要保护城市中的文物古迹和历史地段，还要保护和延续古城的格局和历史风貌。"[2]

《北京旧城历史文化保护区保护和控制范围规划》（京政发〔1999〕24号）对历史文化保护的整体性和原真性制定了保护、整治与控制的原则：

（1）尽量保护真实的历史遗存，注意街区整体风貌的保护，保护构成历史风貌的各个要素（包括建筑物、院墙、街巷胡同、河道、古树等）；

（2）对于历史文化保护区中的历史建筑，其外观要按历史面貌保护整修；

（3）采用逐步整治的做法，切忌大拆大建，不把仿古造假当成保护手段，对于不符合整体历史风貌的建筑要适当改造，恢复原貌。[3]

2002年2月1日，北京市规划委员会出台了《北京旧城25片历史文化保护区保护规划》，使已划定的25片保护区的相关内容进一步细化，其保护

1　林志宏：《世界遗产与历史城市》，台湾商务印书馆股份有限公司2010年版，第8页、第237页。
　完整性（integrity）：根据现行的2005年版《实施〈世界遗产公约〉操作指南》，完整性是对于文化和（或）自然遗产以及它的品质的全体和完整无缺的一种量度。用来传递全部价值的必要元素的重要部分应该被包括。与他们特有性质有本质联系的文化景观、历史城镇或其他活着的"财产"中表现出来的"各种关系和动态的功能"也应被维持。评估完整性条件根据以下标准：A.包括所有表达其突出的普遍价值的必需的元素。B.有足够的尺度来确保传达项目意义的面貌和过程能够完全表现出来。C.遭受未来发展和（或者）忽视的不利影响。
　原真性（authenticity）：根据现行的2005年版《实施〈世界遗产公约〉操作指南》，原真性（真实性）是对于遗产，基于其文化文脉，通过包括：形式和设计、材料和物质、使用和功能、传统、技术和管理系统、地点和环境、语言和其他形式的非物质遗产、精神和感情，以及其他内在和外在的因素，"真实"可信地表达它的文化价值。
2　温家宝：《关于城市规划建设管理的几个问题》（在中国市长协会第三次代表大会上的讲话摘要），载《人民日报》，2001年7月25日。
3　北京市人民政府：《北京旧城历史文化保护区保护和控制范围规划》（京政发〔1999〕24号），1999年。

规划原则涉及保护区的整体性和原真性：

"要根据其性质与特点，保护该街区的整体风貌。要保护街区的历史真实性，保存历史遗存和原貌。历史遗存包括文物建筑、传统四合院和其他有价值的历史建筑和建筑构件。"[1]

在北京的城市危改工作文件中，经常可以看到诸如"保护古都风貌""做好首都风貌保护"等口号，也经常听到"加快老城区改造，保护历史文化名城"之类的宣传。然而，很多传统街巷，甚至一些已被定为历史文化保护区的街巷胡同却在危房改造中不断被拆除或改建，不知这种以失去城市风貌整体性和区域环境原真性的所谓"保护"，属于何种保护方式。

长期的城市改造使北京的形象由整体变得支离破碎，由真实变得似是而非。这样的案例俯拾即是：

德胜门箭楼。德胜门箭楼是北京城楼中为数不多的幸存者，也因而成为北京古城垣支离破碎的见证。失去了内城九门的整体风范；失去了城墙的拱卫；失去了城楼和瓮城的建筑组合，德胜门箭楼形单影只，艺术性和观赏性大打折扣。

成方街都城隍庙。位于成方街的都城隍庙如今仅存后殿寝祠五间，面积约 420 平方米，二十世纪九十年代中期，为建设金融街拆除了成方街一带的胡同和民居，都城隍庙作为文物保护单位虽被保留下来，却不得不孤独栖身于楼群之中，缺失了原生态环境的都城隍庙如今更像是水泥森林中一片孤独飘零的秋叶。

跨车胡同齐白石故居。跨车胡同 15 号院是著名国画大师齐白石的故居，这座院落已是这片老城区目前仅存的遗迹了。这座小院位于胡同南端，院门坐西朝东，青砖灰瓦的建筑古香古色。民国二年（1913），齐老先生 50 岁时购置了这处宅院，一直住到 1957 年去世，在此度过了 44 个春秋。如今，这座宅院虽被作为文物保护单位存留了下来，却孤零零地栖身于周边高楼的脚下，失去了往昔胡同的依托和熟悉的左邻右舍，终日与高耸的楼宇、宽阔的

1　北京市规划委员会：《北京旧城 25 片历史文化保护区保护规划》，2002 年 2 月 1 日。

马路为伴。其民居的尺度感和亲切感也荡然无存。

如今北京中轴线最北端的钟鼓楼周边也在拆迁改造，不知失去周边民居烘托的钟楼和鼓楼会呈现何种状态，是使整体环境变得支离破碎，还是使真实生态变得似是而非。

关于维持世界遗产、历史城市／地区原真性及完整性，联合国教科文组织—联合国人居署（UNESCO–UN Habitat）有以下标准：

（1）强有力的政治意志。政治决策者、市区领导及他们的团队发挥重要的作用。政治意志强有力制定法律规章与配套措施保护维持历史城市／地区（Historical City/Area）的原真性及完整性；

（2）居民成为复兴工程的中心。对于世界遗产、历史城市／地区的保护离不开如今居住在该地区的居民，它们参与并赋予了该遗产、历史城市／地区特殊的含义；

（3）世界遗产、历史城市／地区与城市、区域发展相结合。世界遗产、历史城市／地区不能成为被孤立的区域，应将其纳入城市发展的总体规划中，避免世界遗产、历史城市／地区在空间和社会层面与整个辖区分离；

（4）重视发展公共空间，长期保护自然文化资源；

（5）加强混合性功能与改善居民生活条件相结合；

（6）通过创新与文化多样性来提供价值；

（7）持久管控文化旅游业，同时保持多样性经济领域。

毋庸置疑，历史城市的真正艺术价值在于其原真性及完整性。

/ 意境缺失、文脉断裂——失去延续性的城市艺境

在二十世纪八十年代至九十年代中期，北京的城市建设曾经历过一个极端推崇传统形式的阶段，由于领导层的主观定位，使得这一时期北京的主要建筑及城市环境建设都打上了仿古的烙印。一段时间里，北京到处充斥着传统坡屋顶和亭子帽的建筑。从观念看，注重古都风貌是正确的，但城市艺术是一种文化的体现，并不是单纯地给予新建筑传统形式的外包装那么简单。无度地推崇仿古的城市环境，只能使人们对古都风貌的认识逐渐产生偏差，

反而模糊了传统城市艺术的真谛。这种基于主观意识的规划定位显然不利于传统城艺术市环境的持续发展。

温家宝曾在《关于城市规划建设管理的几个问题》一文中指出："当前，我国城市建设中存在的突出问题是，一些城市领导只看到了自然遗产和文化遗产的经济价值，而对其丰富、珍贵的历史、科学、文化艺术价值知之甚少，片面追求经济利益，只重开发，不重保护，以致破坏自然遗产和文化遗产的事件屡屡发生。有些城市领导简单地把高层建筑理解为城市现代化，对保护自然风景和历史文化遗产不够重视，在旧城改造中大拆大建，致使许多具有历史文化价值的传统街区和建筑遭到破坏。还有些城市领导在城市建设中拆除真文物，兴建假古迹，大搞人造景观，花费很大，却搞得不伦不类。对于这些错误做法，必须坚决加以纠正。"[1] 在多年的"拆旧建新"风潮之后，近年又刮起了一股"拆旧复古"之风，而且愈演愈烈，已成为城市发展进程中的一个异常现象。一座历史城市往往延续着丰富的城市艺术发展脉络，特别是在具有原真性的古城已所剩不多的今天，这些历经千百年而幸存下来的古代城市艺术堪称弥足珍贵。云南丽江、山西平遥和辽宁兴城等幸存的古代城市在传承历史文化的同时也为当地带来了可观的经济效益。而真正的价值在于其自身的人文传承，没有历史文化浸润的仿建物何来魅力？复建古城的主导者们并非出于对历史文化的尊崇，他们看重的只是项目能够带来的各种经济利益。从上世纪末的"拆旧建新"到现在的"拆旧仿古"，一些地方政府仿佛来了个脑筋急转弯。但无论是昔日包装华丽的"拆旧建新"壮举，还是今天渲染得冠冕堂皇的"拆旧仿古"计划，在缺乏科学规划、不顾民意、盲目跟风、追逐政绩和经济利益的情况下，最终都难免落得劳民伤财的结果。

目前全国已有不少于 30 个城市欲斥巨资复建古城，动辄投入几十亿、上百亿，其中具有代表性的项目有：

昆明市晋宁县计划总投资 220 亿，欲建"七彩云南古滇王国文化旅游名

1　温家宝：《关于城市规划建设管理的几个问题》（在中国市长协会第三次代表大会上的讲话摘要），载《人民日报》，2001 年 7 月 25 日。

城"，宣称用三年时间"再造一个古滇国"；

河南开封拟斥资千亿再造北宋古城，要"重现汴京盛景"；

山西大同欲投资百亿启动"回到明朝"的"古城恢复性保护工程"；

湖南计划 55 亿另建一座新凤凰古城，称"烟雨凤凰"；

银川要重建"西夏古城"；

河北想复建"正定古城"；

河北滦县也计划再建"滦州古城"。

北京虽没有如此大规模的复建计划，但在 2004 年重建永定门城楼后，又于 2014 年复建了"左安门角楼"，近年还有复建地安门的提案。可见城市复古之举大有延展之势。当我们急于复原历史记忆的同时，是否应该先认真思考一下目前还有多少残存的正延续着历史脉络的真文物正面临被毁灭的命运？城市艺境的延续需要艺术与科学的有机结合，基于政绩和经济利益的制造艺境行为将有可能使城市的原真性遭受进一步毁灭，盲目跟风地"延续"历史艺境也必然加剧城市艺境文脉的断裂。

"城市艺术"之憾——当代城市设计的误区

/ 反思北京城市设计的"西洋古典"风潮

1. 二十世纪九十年代中后期城市设计对西洋古典建筑艺术的盲目追崇

二十世纪后期以来，复制国外标志性建筑的案例在中国屡见不鲜，商业住宅、写字楼、大型商厦乃至政府办公楼都纷纷追逐西洋风范。有学者认为，盲目的山寨建筑现象折射出当下社会对中国传统文化自信与认同感的缺乏。

在建筑艺术方面，一些地方政府和企业认为国外的建筑就是最好的、最有品位的，不仅对国外的建筑存有莫名的新奇感，还认为拥有这样的建筑可以提升自己的品位并带来利益。本希望靠复制模仿国外建筑建构高端"城市艺术"以有别于其他城市，结果却造成一些城市的环境"不中不洋""不伦不类"。

华西村的"法国凯旋门""美国国会大厦"和"悉尼歌剧院";苏州的"伦敦塔桥";江苏省海安县七星湖生态园内的"悉尼歌剧院";北京市郊的法国路易十三时代的地标性建筑"拉斐特城堡";上海的荷兰风情小镇。浙江杭州仿巴黎而建的"广厦天都城",仿造了大量的巴黎传统建筑,包括埃菲尔铁塔、香榭丽舍大街、凡尔赛宫、巴黎战神广场以及巴黎的街景。世界著名建筑在中国大都能找到其"副本"。

广东惠州复制的则是"世界文化遗产"——阿尔卑斯山脚下的奥地利风情小镇哈尔施塔特,这个复制品的一切都与原件完全一样。哥伦比亚《一周》周刊网站6月23日刊文称,中国的"哈尔施塔特"不过是其无数西方建筑艺术仿造品中的一件。在杭州郊外有一座仿造的法国埃菲尔铁塔,与巴黎的真铁塔几乎一样大小,此外还有一座白宫。在中国这样一个可以找到从奢侈品、电脑、手机到餐馆等任何西方产品的翻版的国家,人们很容易认为这种克隆小镇也是中国"毫无羞耻"的疯狂"山寨"的一部分。但美国普林斯顿大学亚洲文化专家比安卡·博斯克认为,这样解释中国的"山寨"建筑现象过于肤浅。

2014年,博斯克出版了《原始副本——当代中国的建筑模仿》一书,她在看到中国诸多仿制建筑后,认为这一现象的背后是经济因素,"他们卖的不仅是山寨西方公寓,还有更美好的生活梦想"。进而指出,"被仿造的不是现代建筑,而是体现西方成功符号的历史性建筑物"。因此,虽然有观点认为山寨建筑是对发达国家的崇敬,但博斯克却不这样看,"当他们建造起一座埃菲尔铁塔时,并不是在为法国庆祝,而是为中国。他们是在说:我们有如此多的钱和智慧可以复制西方建筑"。

中国建筑模仿风气泛滥的深层原因无疑存在城市艺术层面的问题,长期以来,对城市艺术的忽略不仅使城市环境日趋乏味,还逐渐淡忘了城市自身的艺术质性。当人们看到西方国家的先进技术和富足生活后,便顺理成章地将城市艺术元素也作为崇拜的对象。对传统城市艺术多元化和持续发展的忽视,以及当代设计创新精神的不足,导致了盲目模仿西方建筑现象的出现。

2013年5月15日,在第二届全国勘察设计行业管理创新大会上,住房和城乡建设部副部长王宁在批评山寨建筑时指出，有些设计单位放弃了创新的责任，一味追求市场份额，在建筑设计时照搬照抄，搞"山寨建筑"，缺乏地域人文特色，造成"千城一面"的困局。

上海世博会中国馆总设计师何镜堂也认为，中国建筑领域的山寨和抄袭是一个危险的信号，在全盘西化和模仿中找不到正确的方向和对策，还会导致本土建筑文化在国际上的话语权弱势化、边缘化。

二十世纪九十年代末，在全国模仿西洋古典建筑的风气下，北京也很快蔓延起"欧陆风潮"。"1994—1998 年间北京西洋古典形式建筑的增幅为 12%，（从 8% 增至 20%），而同期现代主义形式建筑则增幅不大，仅为2%（从 58% 增至 60%），民族传统形式建筑更是下降了 15%（从 35% 降至20%）。这样迅速的增长幅度就使得西洋古典建筑所掀起的'欧陆风'显得十分突出和抢眼了。"[1]

北京城市建筑设计对西洋古典风尚的盲目追崇，使得这些西洋古典形式的建筑大多不顾环境而随意安插于城市之中，使原本尚属完整的传统街区风貌呈现混杂的局面，失去了城市艺术的整体性。

关于城市的发展问题，北京在二十世纪九十年代中后期就明确制订了建设国际化大都市的阶段性目标和标准：第一阶段至 2010 年基本实现城市现代化，主要现代化指标达到一般国际化城市九十年代初的平均水平；第二阶段至 2020 年，进入国际性城市的第一层次目标，使政治、科技文化功能初步具有全球性水准，而经济功能也应达到区域国际性城市的水平；第三阶段至 2050 年，我国的综合经济实力接近或赶上日本、美国等发达国家水平……届时北京真正成为现代意义上的名副其实的全球性世界城市——国际化大都市。

九十年代中后期至二十一世纪前十年，北京的城市建设走的是一条国际化路线。加入世贸组织和申奥成功更使北京加大了城市建设的力度。在二十一世纪初的十年里，北京的新建筑如雨后春笋般迅猛发展，城市环境变

1　张勃：《当代北京建筑艺术风气与社会心理》，机械工业出版社 2002 年版，第 10 页。

化惊人。一些发达国家的设计事务所和大牌建筑师纷纷进驻中国，他们在这个发展中国家的土地上获取收益的同时还极力推销自己的设计理念，北京仿佛成了世界建筑师争奇斗艳的实验场，而城市自身特有的艺术特征则在繁华喧嚣中渐渐褪色。

归纳北京的西洋建筑特点，主要有完全复古和局部装饰两种形式，完全复古式强调建筑的尺度和比例关系尽可能符合欧式古典建筑的规范，细部处理及柱式、拱券、山花等建筑装饰也都力求标准、美观，如富华大厦、凯旋广场、阳光广场、宝鼎广场、恒祥广场、励骏酒店等。局部装饰式是将西洋古典建筑元素进行艺术处理后根据设计的需要装饰建筑物，如恒基中心、建威大厦、方圆大厦等，更注重传统符号与设计理念的结合。

2. 西洋古典风与社会心理

人们对于西洋古典形式的崇尚似乎与 1995 年以前"夺回古都风貌"运动有着某些内在关联，过热的、非理性的复制民族形式所造成的逆反心理，造成非理性地走到了事物的对立面，即更过热地、更不理性地投注于西洋形式。逆反心理使人们根本无法理智地思考古都风貌的问题，人们心理只有盖什么、怎么盖，而全然没有拆什么、怎么拆的概念，非科学的政策定位造成了思维定式的混乱。

对于西洋古典形式的崇尚还在于中国与外界的长期隔绝，改革开放后，人们从打开的窗口看到了西洋古典艺术的魅力，由陌生到新奇，再到如获至宝的仿效，在一段不长的时间后，北京这座历史文化名城就随处可见"欧陆风范"。宾馆、酒店、写字楼、餐饮门面、商业店铺、洗浴中心、商品住宅乃至家庭装修到处充斥着欧式的拱门、柱头、窗套、山花、人物雕像、装饰浮雕等。随着市场经济的发展，西洋古典艺术已不再只是对视觉新奇的满足，而是发展为一个可供炫耀的标签。每一栋建筑的主人都希望通过西洋风彩的外观为经营的事业及自身贴上一记时代的标签。正是这种"以洋为尚"的莫名炫耀心理，极大地推动了西洋古典风潮的升温和蔓延。

改革开放的中国不仅需要激情，更应理性地认识到国际大都市同样需要有自己的文化传承。法国的巴黎、英国的伦敦、意大利的罗马……世界各大著名城市无不以鲜明的城市艺术个性和建筑特色闻名于世，它们在成为国际大都市的发展过程中始终坚守着持续发展自己城市传统文化艺术的理念，这也正是这些城市艺术长久不衰的生命力所在。而同为世界经典城市的北京，由于城市艺术意识的缺失，在一段历史时期内以大刀阔斧地"拆旧建新""拆中建洋"的模式进行着城市改造，无数形态各异的高楼拔地而起，而代价则是一片片承载着城市历史文化的街道、胡同、四合院的消亡。

美国著名城市规划专家苏解放曾质疑北京的城市设计发展方向，认为这个葆有伟大的城市设计文化遗产的国家，正在有系统地否定自己的传统文化。他不解的是"为什么有着几千年文明历史的北京，却要像十几岁的孩子一样莽撞行事，穿上一身俗气的洋布褂呢？"[1]

艺术与文化是一个城市的生命，向着国际大都市方向发展的北京，如果不紧紧把握住自己的城市文化脉络和城市艺术特征，最后只能落得大而无魂。

/ 反思北京城市设计的"现代主义"意识

北京的现代主义城市设计主要表现在城市规划与城市建筑方面，随着二十世纪八十年代改革开放政策的实施，中外交流逐渐增多，各种现代主义元素不断进入这座城市，建筑首先成为现代主义理念的主要载体。

由于长期与外界隔绝，中国的建筑师和民众对现代主义的发展脉络与意义缺乏必要的了解，对于西方国家的城市设计理论和建设实践存在盲目学习和接受的现象，往往是接触到什么内容就学习什么内容，而且与哪些国家接触多，受其影响就深；认识停留在局部形式层面，缺乏整体理解和系统研究。在现代主义城市设计思想尚不成熟的情况下，对城市设计的理解容易以偏概全，一些复杂的社会心理也不同程度地影响着城市设计的发展方向。

（1）趋从心理。改革开放使人们看到了中国与西方发达国家在城市环境建设与城市设计意识方面的差距（由二十世纪城市艺术设计的停滞所造成），

1　转引自崔唯：《城市环境色彩规划与设计》，中国建筑工业出版社 2006 年版，第 115 页。

并由羡慕之情继而产生趋从心理，将西方发达国家的城市环境当作我们向现代化城市发展的范本。甚至有人偏激地认为"西方的今天就是我们的明天"，对西方文化艺术的追崇达到了盲目的程度。这种消极、盲目的趋从心理在城市环境建设中表现为大量地运用所谓"现代主义"的城市元素和设计手法。"大批城市被复制，大量速成单调的建筑正充斥于城市间，使中国城市建筑堵塞在平庸化、低俗化的胡同里，制约着城市建筑的创新和发展，也扭曲着大众和社会的心理。"[1]

（2）逆反心理。长期的、缺少新意的城市建设模式，使人们产生了变革的心理，希望城市环境能有一个新的风貌。随着城市环境建设的发展，社会创新的心理需求也不断被激发，城市环境中不断出现的一些"标新立异""个性张扬"的建筑，正是这种社会逆反心态在城市环境设计上的表露。

（3）新奇心理。社会环境的长期封闭和城市环境缺少变化使社会普遍的求新求变心理受到压抑，这种压抑后的释放，也必然以各种方式反映在城市环境建设的发展过程中。对西方发达国家城市环境建设与城市设计方面的追崇，自然导致对国外现代主义城市设计理念及设计手法的欣赏，进而对新材料、新技术、新功能持简单的拿来主义态度，并刻意模仿、照搬国外的城市环境和城市建筑，以满足追求新奇的心理。

（4）炫耀心理。无论政府官员、开发商还是设计师都会不同程度地试图通过城市环境改造和城市建筑形式的"现代感"来炫耀自己的城市、企业与产品具有发展意识，能跟上前进的潮流。政府官员需要的是政绩，在二十世纪九十年代末国家大政方针鼓励创新的背景下，城市环境和城市建筑普遍被作为最能体现创新精神的亮点项目。在位的官员为炫耀政绩，大多热衷于大规模的城市开发改造，如修建城市广场、景观大道、标志性建筑、各类大型现代商业中心等；而开发商是要炫耀实力，他们希望通过一系列"经营"，获取最大的经济回报和最好的商业信誉；设计师则更注重通过富有"现代感"的作品来炫耀自己设计思想的"前卫"，证明自己与时代同步的创作

1　冯远：《城市建筑艺术与传统不容决裂》，载《中国建筑报》，2006年7月27日。

状态。

脱离城市整体艺术设计理念的现代主义反映的只是一种对"现代"的狭隘认识，关于城市现代化发展模式的问题，温家宝曾在中国市长协会第三次代表大会上指出："城市现代化建设具有一般共同的发展规律，但由于历史传统、自然环境、人文景观和经济条件不同，从而使每个城市建设又具有各自鲜明的特点。特色是城市的魅力所在。世界上许多城市往往因特色鲜明、别具一格而名扬天下。因此，必须在遵循城市发展普遍规律的基础上，结合本地实际情况，因地制宜地确立城市的发展方向和发展模式，以形成独具特色的城市风格。塑造城市特色，城市领导者首先必须深刻了解市情，充分考虑城市自身的特点和优势，同时要善于学习和借鉴古今中外城市建设的经验和建筑风格，但绝不能盲目模仿和照搬。现在，许多城市在新区开发和旧城改造中，忽视城市特点，布局、结构和建筑风格雷同，特色越来越少，甚至将有特色的建筑和景观也破坏了。这是很不应该的，教训值得认真吸取。各城市都应根据自己的地理环境、历史文化和民族风情等，明确发展方向和特色定位。城市特色是一种文化的积累和发展，需要一个较长过程，要有计划、有步骤地形成和完善。"[1]

城市现代主义艺术环境的实现有其自身的社会物质基础和社会生活根源，现代主义城市环境的艺术形式与其他民族传统艺术形式相同的地方在于它们的存在模式都是由特定的城市文化心理决定的。只有充分尊重城市历史和城市文化的发展规律，才能正确认识现代主义与城市环境的关系。

缺乏"艺术环境"保护意识与法规意识

/ 城市总体规划屡遭突破

城市危改是政府主持下的国家政策项目，一切在政府管理区域内的危

1　温家宝：《关于城市规划建设管理的几个问题》（在中国市长协会第三次代表大会上的讲话摘要），载《人民日报》，2001年7月25日。

改建设都应严格遵守城市总体规划，但一些房地产开发商不从自身挖掘潜力，总是想方设法通过突破规划限制来获取高额利润。"当规划部门不能满足开发商的规划要求时，开发商们往往以资金无法平衡为由，以不开工或半途停工相威胁。由于危改属于政府计划，规划部门实际上不可能对开发商行使否决权，同时，作为这些开发公司和规划部门的共同上级——市、区政府，在规划部门代表的'城市整体利益'和开发公司代表的'本市（区）经济利益'这'一虚一实'之间，往往首先关注的是后者，因此，政府总是要求规划部门最终作出妥协，即所谓：'规划让一让，开发也让一让'，出现了城市规划可以'讨价还价'的局面。结果大多数被批准的危改项目都在用地性质、限高、容积率等方面有所突破，造成整个总体规划在旧城被'全线突破'的尴尬局面。"[1]

总体规划失控的直接后果就是城市艺术格局与城市艺术环境遭受到前所未有的严重破坏，给这座历史文化城市的整体艺术风貌造成了无可拟补的损失。

/ 无视文物保护法规拆毁文物建筑的现象频繁发生

二十世纪九十年代北京实施危改政策以来，无视文物保护法规，肆意拆毁文物建筑的现象不断发生，很多具有传统艺术价值的城市文物建筑都随着拆迁而永远消失了，甚至一些属于文物保护单位的建筑也难逃毁灭的命运。这种现象自二十世纪九十年代以来几乎每年都有所发生。

1996 年：椿树危改，拆除了尚小云故居、余叔岩故居等文物建筑。

1997 年：牛街危改，拆除了著名的清真女寺。

1998 年：开辟菜市口大街，拆除了儒福里观音院及过街楼、休宁会馆、伏魔寺、李鸿章故居、粤东新馆等文物建筑。

当得知戊戌变法重要见证物粤东新馆将要拆除时，罗哲文、郑孝燮、谢辰生等著名专家学者联名给中央写信，要求保留粤东新馆等历史文物建筑。

1　方可：《当代北京旧城更新》，中国建筑工业出版社 2001 年版，第 51—52 页。

而建设部门却以"易地迁建"为名，赶在上级批示之前迅速将粤东新馆等建筑物拆除。

2001 年：金融街工程，孟端胡同 45 号院据说是清朝雍正皇帝之弟果郡王府邸的一部分遗存，被专家学者们誉为四合院的上上品，然而，各界人士长达 4 年的奔走呼吁仍然未能保住这座精品院落，当时此院被定为"易地迁建"，但至今不知所终。

2003 年：闹市口建"凯晨广场"，拆除了北京市的保护院落 23 号、25 号和 30 号院，当时，被誉为"胡同保护者"的法籍华人华新民女士曾为保住这些院落奔走呼吁、据理力争，但无济于事。

以上只是大量城市文物建筑拆迁问题中的几例个案，除了野蛮拆迁和所谓"易地迁建"外，近年又冒出"维修性拆迁"和"保护性拆除"的说法，这些无疑都是为了逃避文物保护法规，以拆毁文物建筑为目的而衍生的"障眼法"。

当前城市环境问题折射出当代社会"艺术意识"的缺失。

"艺术意识"的缺失给城市环境发展带来长期隐患

从近现代北京城市环境的无序发展来看，"艺术意识"的缺失是一个不容忽视的重要问题，不同阶段的发展定位对城市环境的影响是深远的。

新中国成立初期，北京经历了一个城市的工业化发展阶段。毛泽东在 1949 年 3 月的七届二中全会上指出："只有将城市的生产恢复起来和发展起来了，将消费的城市变成生产的城市了，人民政权才能巩固起来。"[1] 为尽快开展北京的城市总体规划工作，1949 年 5 月成立了北京市都市计划委员会，并邀请了苏联专家和中国专家共同研究北京的城市总体规划问题。当时虽然有很多不同的规划设想，但比较一致的认识是，北京除了是全国的政治中心，还应该是一座文化的、科学的、艺术的城市，也应该是一座大工业城

1　毛泽东：《七届二中全会上的报告》，河北省平山县西柏坡，1949 年 3 月 5 日。

市。中央提出了北京要变消费城市为生产城市的方针，工业开始成为北京大力发展的方向。

当时苏联专家还指出："北京市工人阶级占全市人口的百分之四，而莫斯科的工人阶级则占全市人口总数的百分之二十五，所以北京是消费城市，大多数人口不是生产劳动者，而是商人，由此可以想到北京需要进行工业建设。"[1]

1953 年，北京市城市规划小组在苏联专家的指导下提出了《改建扩建北京市规划草案》。（见图 2-16）

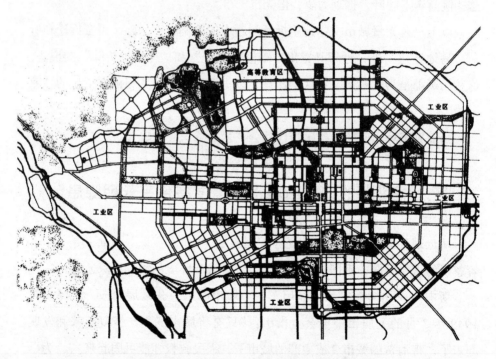

图 2-16　《改建扩建北京市规划草案》（1954 年修正稿）

资料来源：北京建设史书编辑委员会编，《建国以来的北京城市建设》（内部资料），1986 年。

草案提出，首都应成为我国政治、经济和文化的中心，特别要把它建设成为强大的工业基地和科学技术的中心。值得注意的是，草案中已不再提艺术城市，而是特别强调要把北京建设成为强大的工业基地。

1　〔苏联〕巴兰尼克夫：《关于北京市将来发展计划的问题的报告》，1949 年。

从图中可以清楚地看出，北京城区已经被周边规划的工业区所包围，旧城区更是见缝插针地布满小工厂，旧城区内的很多文物建筑都被这些低端的小型产业所占据，工业化造成城区烟囱林立、空气污染，使古都的城市艺术环境和文物建筑遭受到严重的破坏。

1966 年至 1976 年的"文化大革命"，使北京的城市艺术环境再一次受到严重的损毁。北京市规划局一度被撤销，城市总体规划被停止执行，城市无政府主义泛滥。在"破四旧""立四新"[1]的号召下，一切传统艺术形式均被划归铲除之列，北京的城市艺术装饰遭到普遍性的人为破坏，北京传统城市建筑具有代表性的砖雕、脊兽、石狮、门墩、油漆彩画、大门对联等无不被打砸和毁坏，城市整体艺术环境已残损破碎。

1990 年开始的旧城危改是对北京整体城市艺术形态的又一次巨大打击，危房改造逐渐演变为大规模的商业性房地产开发，大量与旧城文化无关的商业开发聚集旧城区，使城市环境过度商业化。

1993 年，中央和国务院在《关于北京城市总体规划（1991 年至 2010年）的批复》中曾明确提出要将北京"建成经济繁荣、社会安定和各项公共服务设施、基础设施及生态环境达到世界第一流水平的历史文化名城和现代化国际都市"，把历史文化名城保护与现代化国际都市建设并列为北京城市发展的基本目标。"然而，由于种种原因，党中央批复的深刻内涵和重大意义目前仍未在北京市的有关政策中得到很好的贯彻和落实。北京城市建设中经常出现'一只手硬，一只手软'的现象，即片面强调'现代化国际都市建设'，忽视甚至完全不顾'历史文化名城保护'。事实表明，这种作法不但会破坏原本一流的历史文化名城，也不可能建设出一个一流的现代化国际都

1　"破四旧"一词最早由《人民日报》1966 年 6 月 1 日社论《横扫一切牛鬼蛇神》明确提出，并为中共八届十一中全会通过的"十六条"所肯定，林彪在"八一八"大会上再一次为"大破一切剥削阶级的旧思想、旧文化、旧风俗、旧习惯"做了煽动性号召。8 月下旬，大批红卫兵走上街头，张贴大字报、集会、演说，开始了"破四旧""立四新"的行动。他们毁坏文物古迹、焚烧书画、砸毁建筑装饰，一切旧时代的文物、遗产，无论其是否有阶级性，是否存在文化价值，在红卫兵眼中都是被革命的对象。据统计，1958 年北京市第一次文物普查保存下来的 6843 处文物古迹，在"文革"时期有 4922 处被毁，其中大多数被毁于 1966 年 8、9 月间。

市。"[1]最后很有可能以断送北京的历史文化价值和城市艺术环境为代价换取一个毫无艺术特征和文化底蕴的所谓现代化国际都市。

作为历史文化名城的北京是在艺术理念下构筑的一个综合有机体,对其任何层面的关注和维护都需要有自觉的城市艺术意识,而城市"艺术意识"的缺失必然会给城市环境的发展带来长期存在的隐患。从新中国成立初期到当代社会,这种由于城市艺术意识缺失对城市肌体造成的损伤从来没有停止过,如果一个原本充满艺术魅力的城市,在历史进程中需要以消减其艺术性去不断地满足政治、经济及城市功能的需求,那么这座城市面临的必将是"失去灵魂"的结局。

本章小结

本章对新中国成立以来北京在不同时期所经历的各种城市建设问题进行了反思,并分析了对城市艺术环境造成的影响与危害,提出"城市艺术意识"的缺失是损害城市艺术环境和阻碍其传承与发展的主要原因。

---

1   方可:《当代北京旧城更新》,中国建筑工业出版社 2001 年版,第 51—52 页。

第三章　广义城市设计思维的
艺术主导理念

　　城市的基本艺术形态对于历史城市环境文化的价值与持续发展都具有重要意义。对此，梁思成先生早就有过评价，他认为，北京城内的整体街道布局，用现代的规划原则来分析，也是极其合理的，符合现代使用需求。而且是任何一个中世纪城市所不具备的。时至二十世纪八十年代末，北京依然保留着传统的城市格局，甚至仍有元代街道、胡同的存留。

　　二十世纪九十年代以来的"城市改造"打破了这种格局，在膨胀的城市建设及城市功能改造面前，几百年的传统街巷也难以抗衡。

　　2004 年，西城区政府决定对旧鼓楼大街的街区空间、建筑景观、交通规划、公共设施、街区照明、城市家具及旅游和商业资源等 12 项内容进行整治，按照规划设计还将改造市政设施，如电信、煤气、上下水等管线，同时拓宽街道，以缓解二环路和中轴路的交通拥堵状况。

　　这条始建于元代的街道北端原有一座报时的鼓楼——"齐政楼"，明代时齐政楼塌毁，后于其东面即今鼓楼的位置再建新鼓楼，原齐政楼遂被称为旧鼓楼，旧鼓楼大街也因此得名。

　　针对这条古街的拆迁改造，很多专家学者提出了不同意见，由中国考古学会会长徐萍芳、全国政协委员梁从诫、清华大学建筑学院教授陈志华等社会有识之士共 19 人联名签署了一份呼吁书，并电传至正在苏州召开的世界遗产委员会，呼吁书提出，希望世界遗产大会和世界遗产委员会关注北京紫禁城周边旧城环境保护的问题，以期有效地防止对北京旧城传统风貌的毁坏。呼吁书还认为，古都北京的保护问题一直受到国内外的广泛关注，而目前的问题是，北京历史城区仍不断出现破坏性的拆除现象，紫禁城周边的环境亟待保护。

专家们认为，旧鼓楼大街临近北京中轴线，与钟楼、鼓楼近在咫尺，又属什刹海历史文化保护区的一部分，对旧鼓楼大街以及鼓楼西大街进行拆迁拓宽改建，必将有损紫禁城周边环境和北京历史城区的整体格局。参与签名的专家们希望通过该呼吁书引起世界遗产大会对北京旧城的关注，以便北京能够采取有效的措施，保护好现存的胡同、四合院，保护好古城的历史风貌。

同年开始启动建设的还有位于前门外大街西侧始建于明代的煤市街，改建范围是：东至规划的煤市街东红线，西至规划的煤市街西红线，南起珠市口西大街，北到前门西月亮湾，占地约 2.5 公顷，改造后的煤市街长度为1045 米，宽 25 米。改造原因仍是各项城市功能的需要。据报道，"此次煤市街道路拓宽工程同时引进水、热、气等市政管线，在一定程度上将改善周围居民的居住条件，消除该地区的部分安全隐患，为大栅栏历史风貌保护区的整体保护、整治和复兴创造条件"。[1]

以上两条街道的拓宽改造皆为铺设电信、煤气、上下水管线及缓解交通拥堵状况等，在现实中我们发现，每当孤立地解决完一个城市问题后，又会产生其他新问题，由于城市设计的不完善（或称其为缺少工艺性），造成杂乱无章的反复拆改，而对城市艺术环境造成的影响是长期的、破坏性的。

在二十世纪末以来的城市发展进程中，城市建设与城市历史文化传承始终处于对立状态，水、电、热、气、道路的设计均以本专业技术范畴的需求为主，很少顾及城市的历史、文化和艺术内涵。专家呼吁书的另一个重要意义在于使我们看到了一个亟待解决的观念问题，即任何一项专业的城市设计都不能就事论事、独善其身，城市设计是一个系统工程，很多问题需要从统筹、整合的角度去认识和解决，缺少专业的跨界思考与交叉互动，城市设计

---

1 《北京大栅栏文化复兴计划启动》，载《竞报》，2005 年 3 月 8 日。

就会顾此失彼，解决老问题又出现新问题，解决功能问题又出现文化问题。长期以来，城市功能设计缺乏"工艺"理念，缺乏艺术层面的思考和交流，我们迫切需要的是工艺层面对不同技术的跨界整合。然而，"跨界设计亦不是设计的一种风格，一种主义，而是设计的本性使然，是对设计本性的一种'凸现'，它所蕴涵的是设计的交叉性与临界性，它所体现的是设计的融创精神。这种融创精神造就了悠久的古代文明，在今天仍然可以发挥其强大的作用"。[1]

从以上案例看到，无论旧鼓楼大街、前门东侧路还是煤市街，都是基于各类工程技术层面的改造，单纯着眼于市政设施的各项专业，这也是北京乃至很多城市存在的共同问题。

本章所论城市设计的广义性思维应体现于学科跨界与专业交叉的现象与形式，城市设计涉及的学科与专业非常广泛，与城市环境密切关联的包括规划、建筑、景观、文化、色彩、交通、照明、水系、安全、卫生及绿化等，这些学科与专业既包含科学、合理的功能性设计艺术，也具有综合审美层面的艺术内涵。本章所论的跨界，首先是专业之间在城市工艺层面的对话与交流，并形成不同专业功能交叉与艺术性融通的宏观"合力"，最后在艺术形式层面完成统筹与整合。研究设计跨界与专业交叉艺术是为了超越以往"为功能而功能"的单向思维逻辑，将思考的角度由"实体思维"转向"关系思维"。

从任何专业自身来看，皆有体现其自身价值和表现自身属性的设计特征，即那些具有专业意义的、优化的设计内容与形式的艺术特质。任何专业合理的系统设计都是其艺术构成的主要部分，而形式与装饰则不过是艺术内涵的外在表现。

当我们面对有关城市规划、建筑、景观、色彩、交通、照明、水系、安全、卫生、绿化等学科之间的相互对话与交流时，着眼点不仅是不同功能之间的合理跨界与交叉设计，还要着重关注整合后所反映出的新型艺术关系。

1　董雅：《设计·潜视界——广义设计的多维视野》，建筑工业出版社 2012 年版，第 272 页。

现代设计的先驱包豪斯早就提出过"工艺、艺术和技术新的整合"的口号，认识到不同学科、专业及技术间交叉互动及在艺术主导下跨界设计的重要性。对于城市的规划、建筑、景观、绿化和色彩以及它们之间的跨界设计关系、形象感与特征，人们还多少有所理解。但对于城市功能（或将其称为城市工艺），如城市家具、道路交通、照明、水系、安全、卫生、服务等专业的设计，则很难将其与跨界设计联系起来。提到艺术设计，人们首先想到的往往是这些城市功能设施末端，如：公共座椅、电话亭、道路设施、立交桥、公共交通工具、公共电力设施、照明灯具、城市绿化、水系设施、桥梁、雨水篦子、井盖、安全护栏、垃圾箱、公共卫生间等功能性服务设施展现的外观设计形式。而对于艺术和技术的跨界整合则缺少深入思考。如果我们能将城市功能设计作为"城市工艺"来理解，其概念外延也将随不同工艺和技术的交叉整合而扩大，并显现出特有的城市艺术内涵。

"城市工艺"概念的提出使我们得以从一个新的角度审视城市设计，使城市设计在技术层面满足使用功能需求的同时也兼具工艺的和谐与艺术的美感。

对于城市规划、建筑和景观而言，相互之间艺术和技术的跨界整合是专业设计的需要。而城市家具、道路交通、照明、绿化、水系、安全、能源、卫生等专业则很少有人从整体上考虑它们之间的跨界设计，这部分城市功能设计与规划、建筑、景观及城市色彩等艺术设计也鲜有工艺和谐与专业跨界的艺术整合。

对于城市各项功能的设计问题，简·雅各布斯在《美国大城市的死与生》一书中认为："通常，人们很容易掉入这么一个陷阱：在考虑城市的用途时，一个一个分门别类地加以考虑。事实上，这样一种对城市的分析方式——一个一个用途地分析——已经成了通用的规划策略。最后，把按类别对用途研究的结果集中到一块，拼成一大块'完整的图画'。"[1]对这种情况，她做了一个形象的比喻，认为以这种方法得出的"整图"，无疑相当于把瞎子们各自摸象后所得出的不同结论集合在一起凑出一幅大象的"完整图画"。这头被瞎子们摸了半天的象，在瞎子的眼里，它就是一片树叶、一堵墙、一条绳

1　〔美〕简·雅各布斯：《美国大城市的死与生》，金衡山译，译林出版社2012年版，第129—130页。

子、几截树干拼凑起来的东西。而城市作为一个我们制作的产品也很有可能产生这样一个结果。要想理解城市，我们必须从整体出发看待城市的不同用途，而不是孤立地处置那些不同的问题。

亚瑟·霍尔登（Arthur C.Holden）在《西特的艺术原则在今天的意义》一文中也曾提到艺术与工程技术的关系，认为"一旦艺术传统被隔断，由于习惯，人们将遵循他所能认识到的其他传统。……由于失去与西特的艺术原则的接触，我们或许一直沿着工程技术方面的琐碎事物的道路盲目摸索。这里，我们必须强调工程技术的原则和工程技术的琐碎事物之间的区别。从原则上看，工程技术和建筑同样是艺术"。[1] 而在城市设计层面，西特也指出，每一个"从事用地规划的技术人员都有责任仔细考虑包括艺术因素在内的每一因素"。[2]

城市功能的设计在于通过全面整合的艺术方式维护城市系统（水、电、气、交通等）的运转和工程技术要素之间的有机联系，这种运转与有机联系的保持应完全基于对城市的理解与合理设计，并遵循艺术主导原则，在广义设计思维下将城市作为一幅"完整的图画"进行创作。

本章小结

本章提出广义设计思维下的艺术主导理念，主张以开放的视角审视城市的跨界设计，文中所论跨界首先是各专业在城市工艺层面的对话与交流，并在艺术的融通下形成不同学科交叉的宏观"合力"，最后在艺术形式层面完成整合。提出城市广义设计是为了改变"为功能而功能"的思维定式，将"单向思维"转为艺术主导的"联系思维"。

1　摘自亚瑟·霍尔登为《城市建设艺术：遵循艺术原则进行城市建设》一书 1945 年英译本所作补充章《西特的艺术原则在今天的意义》。
2　〔奥〕卡米诺·西特：《城市建设艺术：遵循艺术原则进行城市建设》，仲德昆译，齐康校对，东南大学出版社 1990 年版，第 122 页。

城市设计属性与艺术化的历史文脉

作为人类伟大生活的记载，作为生命的基本表现，历史应成为理解的最终对象。

—— 狄尔泰（Wilhelm Dilthey）

第四章　城市设计的概念与属性

城市艺术与设计的概念分析

/"城市艺术"的概念

"艺术"一词在理论研究和日常生活中运用广泛,《现代汉语词典》对其解释为:"用形象来反映现实但比现实有典型性的社会意识形态,包括文学、绘画、雕塑、建筑、音乐、舞蹈、戏剧、电影、曲艺等。"[1] 以及"富有创造性的方式"和"形状独特而美观"两种含义。曾有语言分析学家认为,由于"艺术"的词意过于宽泛,因而也就减弱了意义。有人甚至主张取消"艺术"一词,以绘画、音乐、舞蹈、戏剧、电影等更具体的词汇代之。

对于艺术的含义,李泽厚曾在《美学四讲》一书中指出:"从古至今,可说并没有纯粹的所谓艺术品,艺术总与一定时代社会的实用、功利紧密纠缠在一起,总与各种物质的(如居住、使用)或精神的(如宗教的、伦理的、政治的)需求、内容相关联。即使是所谓纯供观赏的艺术品……也只是在其原有的实用功能逐渐消退之后的遗物,而就在这似乎是纯然审美的观赏中,过去实用的遗痕也仍在底层积淀着。"[2]

城市不是纯粹的艺术品,但城市却是由多种元素和形式组合而成的一种特殊的艺术存在,而且与"一定时代社会的实用、功利"相关联,与"各种

1　中国社会科学院语言研究所词典编辑室编:《现代汉语词典》(第 5 版),商务印书馆 2006 年版,第 1613 页。
2　李泽厚:《美学三书》,商务印书馆 2006 年版,第 320 页。

物质的或精神的需求"相关联。城市作为艺术品的集成体,"它不应看作只是各个个体的创作堆积,它更是一个真实性的人类心理——情感本体的历史的建造。如同物质的工具确证着人类曾经现实地生活过,并且是后代物质生活的必要前提一样;艺术品也确证人类曾经精神地生活过,而且也是后代精神生活的基础或条件。艺术遗产已经积淀在人类的心理形式中、情感形式中。艺术品作为符号生产,其价值和意义即在这里。这个符号系统是对人类心理情感的建构和确认。"[1]

艺术既是城市精神生活的概念性符号,又是城市现实生活的写照,城市艺术的概念自然也就是社会生活的概念,城市生活与人共同设计了各种不同的艺术形式,如:环境的艺术、建筑的艺术、民俗的艺术、维护人与自然与社会和谐的艺术、维护社会规范的艺术、维护伦理道德的艺术、服务人类生活的艺术、合理利用资源的艺术、体现价值观的艺术、体现社会审美取向的艺术、城市功能协调的艺术,等等。柏拉图曾说:"艺术是城市最有价值的元素"。也可以说,艺术元素的延续就是城市生命的延续。

/"城市设计"的概念

从城市设计的本质来看,"城市"和"设计"两个概念是相互依存的。可以说,自从有"城市"以来,就伴随着对城市的"设计",而且设计过程也始终交织着艺术的特质。

关于中国古代城市艺术设计思想的研究目前还不够全面深入,概念也不够明确,一些研究者在涉及中国古代城市艺术设计思想时多以《考工记·营国制度》为城市艺术设计思想的创始,其实,《考工记》更应被看作先秦设计艺术的集大成者,而不能仅将中国古代城市艺术设计思想的源头追溯至此。

从城市的发展历程看,城市是由人的聚居而逐渐形成的。根据目前遗址考古发掘的研究,我国形态完整的早期城市当首推史前龙山文化藤花落

---

1   李泽厚:《美学三书》,商务印书馆 2006 年版,第 322 页。

古城[1]，这座位于江苏连云港的古城甚至可以被看作是我国城市设计的开端之作，也是目前已发现的数十个史前遗址中最具有代表性的。从城的平面布局看，这座早期的城池就已呈现很多"设计"意识，如：城墙分为两重，内城方形，外城为长方形，城外有护城河围绕，内城南门与外城南门处于一条中轴线上。从平面布局分析，为了使内城更接近城南，而将其建于外城的南隅（此处为城内绝对方向的最南端）。内、外城的城墙转角均为弧形，应是出于土筑城墙的坚固性与审美相结合的考虑。早在旧石器时代中期，人类在制造石质工具时就已逐渐认识了弧形的功效，打磨浑圆的石球是原始人的狩猎武器之一，握于手中受力均匀，以保证投掷时准确有力。可以说，人类艺术设计的启蒙源自对自然界的认识。人的审美意识是伴随着社会生产力的发展而发展的，在这座早期城市遗址上我们看到了初始的、功能与艺术结合的设计思想的萌发。（见图4-1）

当代著名艺术理论家张道一先生通过对艺术理论的研究，创造性地提出了"造物艺术"的概念，从造物艺术的视角看待传统设计艺术，以古代人类为造物主，分析其"为什么要造物"及在造物过程中对"实用与审美"的把握，并从本元文化、科技与艺术、物质与精神、民族化与现代化等方面入手阐述了造物艺术创作的目的、手段和文化传统。[2]

中国古代的艺术设计思想无疑会成为城市造物的指导思想，这种造物思想融于作为古代设计艺术品的城市之中，表现在城市的规划、建筑、装饰等方方面面。将

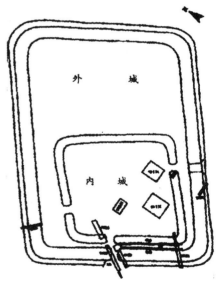

图4-1　史前龙山文化藤花落古城址

资料来源：张驭寰，《中国城池史》，百花文艺出版社2003年版。

1　林留根、周锦屏、高伟、刘原学：《藤花落遗址聚落考古取得重大收获》，载《中国文物报》，2000年6月25日。

2　张道一：《张道一文集》，安徽教育出版社1999年版，第145—164页。

城市设计的艺术创作看作是一个造物过程，是造物者在不同的社会背景和技术条件下，创造出了满足不同人生活需求的城市。

"设计"一词在汉语词典中被解释为："在正式做某项工作之前，根据一定的目的要求，预先制定方法、图样等。"[1] 张道一先生在《设计在谋》一文中指出："在中国人的观念中，'设计'一词的含义非常宽泛，绝不限于在艺术上使用。也就是说，在汉语中表达概念时必须用冠词加以限制。如技术设计、工程设计、网络设计、营销设计、艺术设计、美术设计、产品设计等。实际上，政治、经济、军事、管理等方面也在广泛使用'设计'这个词。"[2]

设计一词译自英文 Design，在中国，Design 经历了"图案学""工艺美术"和"设计艺术"的译称变化，其名称的变化充分体现了社会政治、经济、科技、文化等的变革和发展。

在艺术学范畴内，设计艺术作为艺术的一个门类，与其他艺术种类并列存在，不同的是，设计艺术与现实生活及生活中其他专业的关系更紧密，更具交融性，这一点在城市设计艺术上体现得尤为充分。"城市设计"概念涵盖了构成城市的一切预先制定的方法，这些"方法"就是城市的"设计"，城市的诸多功能均需要通过"城市设计"来完成，包括防御功能、人居功能、娱乐功能、交通功能、商业功能及生活功能等，"设计"使得这些功能合理、完美、谐调地结合在一个城市的整体之中。因而，对城市而言，设计是一种综合的方法，而正是这种方法被赋予了艺术的因素，才使得它在构筑城市功能的同时也赋予了城市一种艺术精神。

关于城市设计的艺术属性

/"城市设计艺术属性"的概念

关于城市设计的"属性"，本书定义为：城市设计自身所具有的性

1　中国社会科学院语言研究所词典编辑室编：《现代汉语词典》（第 5 版），商务印书馆 2006 年版，第 1203 页。

2　张道一：《设计在谋》，重庆大学出版社 2007 年版，第 37 页。

质。《现代汉语词典》中对"属性"一词的解释是"事物所具有的性质、特点"。[1]"艺术"在书中始终被视为城市设计本身所具有的、决定其性质、形式和特点的根本属性。

在广博的城市设计元素中，艺术因其"属性"奠定了其核心主导地位。艺术既是城市设计行为过程中需遵循的原则和主导思想，又是城市这个庞大的物质环境所蕴含的非物质化核心属性。

面对人类生活的各种存在，从哲学层面梳理其本源性问题应该是理解城市设计概念的基础。日本哲学和美学家今道有信在《东西方哲学美学比较》一书中说："我在人类所面对的各种现象中，打算举出几种根源现象，如果现在要举例的话，那就是生、死、性、语言、艺术、道德。……既然是人类大概就不能不面对这些现象，从而，也不能不思考这些问题。"[2]在这里，艺术被视为人类的根源现象之一，即人类最本质的东西。既然城市的核心是人，那么作为人类根源现象的艺术自然就具备城市设计的根本属性。人本元素的艺术通过设计手段作用于城市，在维护人与自然、人与社会和谐、维护社会规范、维护伦理道德、服务人类生活、体现价值观、体现社会审美取向等方面起着积极的作用。

英国现代著名哲学家、历史学家和考古学家罗宾·乔治·科林伍德（Robin George Collingwood）在其《艺术哲学新论》一书中论述艺术的原始性时指出"艺术是科学、历史和'共同感觉'等的基础。艺术是最初的和基本的精神活动，所有其他的活动都是从这块原始的土地上生长出来的。它不是宗教或科学或哲学的原始形式，它是比这些更原始的东西，是构成它们基础并使它们成为可能的东西。"[3]他将"艺术"看作宗教、科学及哲学的基础，认为艺术本身具有与生俱来的自主性，"所谓艺术是最初的精神活动，是指艺术是自行产生的，它不依赖于先前任何其他活动的发展。它不是一种变化

1　中国社会科学院语言研究所词典编辑室编：《现代汉语词典》（第 5 版），商务印书馆 2006 年版，第 1203 页。

2　〔日〕今道有信：《东西方哲学美学比较》，李心峰、牛枝惠译，中国人民大学出版社 1991 年版，第 295 页。

3　〔英〕罗宾·乔治·科林伍德，《艺术哲学新论》，卢晓华译，中国工人出版社 1988 年版，第 8 页。

了的知觉，也不是一种变化了的宗教。相反，知觉和宗教则是它的变形。"[1]

关于艺术本质问题，科林伍德认为艺术具有一般性本质和特殊性本质，从艺术的"一般性本质"看，其同时是理论的、实践的和情感的。"它是理论的：即在艺术中精神有一个它所沉思的对象。但是，这个对象是一个特殊种类的对象，它自身所有的对象；……完全不同于宗教或科学或历史或哲学的对象。……艺术是实践的：即在艺术中精神试图认识一种理想，使它自身处于某种状态，同时也使它的世界处于某种状态。但是，这种理想不是权宜或义务，在艺术中的精神活动也不是功利主义或道德活动。再者，艺术是情感的：即它是快乐和痛苦、欲望和厌恶的活动，这些对立的情感始终存在，……艺术中的这些情感带有它们自己的色彩。"[2]

从艺术这一概念的精神层面看，艺术既不是权宜或义务，也不是功利或道德，却是情感的，它在城市设计的过程中以情感的方式抒发着理想和精神，从而使一座城市的环境因艺术而充满理想和精神，亦因理想和精神使城市情感化、艺术化。"对艺术来说，人们通常总是认为它的存在是特别必然的，它的作用是特别重要的。……没有人会把司法解释成那种使法律精神快乐的东西，或硬说数学真理的作用应该是让数学家感到快乐。但是，人们真诚地坚持美就是那种在某个方面使某种类型的精神快乐的东西，乃至仅仅讨人喜欢的东西。显然，尽管享乐主义在艺术哲学中就像在逻辑学和伦理学中一样，无疑地是不能令人满意的，但它在这里比在其他地方似乎是更有道理的。"[3]

艺术的原始质性和广义属性，使其成为城市设计诸多元素中的核心元素，是统筹其他元素共同构筑城市艺术环境的主导元素。

/ "城市设计属性"研究的必要性

研究城市设计的"属性"，在于其涉及内容多、范围广，对解决复杂的

1　〔英〕罗宾·乔治·科林伍德，《艺术哲学新论》，卢晓华译，中国工人出版社 1988 年版，第 10 页。
2　同上书，第 5 页。
3　同上书，第 22 页。

城市设计问题具有关键作用。对城市的属性问题，一些西方观点认为，城市起源于物质基础，城市的发展和文明密不可分。苏比（Sjoberg）在《前工业城市》一书中说："庞大而复杂的多功能城市，反映了演变中的工业技术的广阔和复杂性。有时这表现为机械技术的统一和标准化；有时却表现为某一机器的特创和独特及专业化。这就是目下对城市文化的一个见解，它被一个称为工业主义的技术所定形……世界上所有的工业城市正在诸种社会构成上越来越接近……现代技术……包涵了科学的知识……因之，科学的方法似乎支持了，而自己又被一种意识形态所支撑，是它促进了民主过程，以及不同的普遍主义的形态和现代官僚主义中的对成就的追求"。[1]

这种观点不仅假设了同一的科技、同一的价值观和同一的城市社会形态，还舍弃了不同文化存在的假设，认为城市的属性、结构、形态都是单一运动在量与质上的体现。从工业化到现代化再到城市化，这个适用于西欧城市发展的理论是否也适用于世界其他城市？城市的发展是单一的还是多元的？对此，金斯伯（Ginsburg）曾提出："我们有必要去探究究竟城市化是个单一的过程还是多元的过程，并且要了解它除了时间上不同之外，是否还受制于不同的文化和地域"。[2]

西方关于经济主义和现代主义的城市属性概念，有助于对于西欧城市发展的认识，但对于研究世界上不同文化背景下所产生的城市并不完全适用，于中国的城市起源和属性更是相距甚远。路易斯·芒福德（Lewis Mumford）在《历史上的城市》中对城市起源的阐述似乎更接近中国都城的性质："我所提出的是，由分散的乡村经济过渡至一个有高度组织的城市经济的最重要因素乃皇帝，或帝制。我们目下视为城市发展的动因，即工业化与现代化，在多个世纪以来只不过是些次要的因素，它们更可能只在人类历史后期才出现……在城市的内向发展中，皇权占有中央的位置，它如北斗星一样将四方

1　Sjoberg, G., *The Preindustrial City*, New York: Free Press, 1960. 转引自薛凤旋、刘欣葵：《北京：由传统国都到中国式世界城市》，社会科学文献出版社 2014 年版，第 2 页。

2　Ginsburg, N., "Planning for South East Asian Cities", *Focus*, 1972（22），pp. 1–8. 转引自薛凤旋、刘欣葵：《北京：由传统国都到中国式世界城市》，社会科学文献出版社 2014 年版，第 3 页。

吸至城市中心，并使皇宫庙宇成为新的文化的动力。"[1] 芒福德关于城市起源与属性的见解既显示了对历史文化研究的深度，也更注重文化及其作用的假设。皇权城市文化在东西方的城市发展史上都具有典型意义，本书所论的北京城即皇权文化为底蕴的城市模式，这一点在其他章节中也有所论述。

关于民族文化对于城市发展的作用，芒福德认为，"城市文化归根到底是人类文化的高级体现"[2]；"如果说过去许多世纪中，一些名都大邑，如巴比伦、罗马、雅典、巴格达、北京、巴黎和伦敦，成功地支配了各自国家的历史，那只是因为这些城市始终能够代表他们的民族和文化，并把其绝大部分流传给后代"。[3] 在现实中我们也看到，很多有关城市设计的研究已取得一定成果，但仍然存在不同方面的局限性，有些研究热衷于对设计形式与技巧的理论分析，缺乏对深层次理论根源的探究；有些偏重于单一领域，缺乏多学科交叉的综合性研究；有的过多追循发达国家的理论和经验，缺少对特定区域特性的认识和关注；有的过于注重解决现实问题，缺乏战略性的长远规划与研究；有的则专注于对技术性问题的钻研，缺少对社会人文的关注。总之，从文化多元性与广义城市设计的视角看，全面、系统的城市艺术理论研究仍然欠缺，探索城市设计属性问题还需进行不同学科、不同层面及不同深度的交叉研究，因为，城市设计"根本属性"的不明确是当代城市建设无序发展的深层症结所在。

本章小结

本章从城市的视角对"艺术"与"设计"的概念进行了分析，并从艺术的原始性和基本精神特性出发，研究、解析了城市设计的"根本属性"问题。

1　Mumford, L., *The City in History*, Pelican London, 1961. 转引自薛凤旋、刘欣葵：《北京：由传统国都到中国式世界城市》，社会科学文献出版社 2014 年版，第 4—5 页。

2　〔美〕路易斯·芒福德：《城市文化》，宋俊岭译，中国建筑工业出版社 2009 年版。

3　〔美〕路易斯·芒福德：《城市的形式与功能》，宋俊岭译，见《国外城市科学文选》，贵州人民出版社 1984 年版。

第五章　美学视角下的艺术属性

传统美学艺术形态在城市设计中的体现

对儒家来说，美不在于物，而在于人；美不在于人的形体、相貌，而在于人的精神和伦理品格。儒家美学体系以"中和"为其形态美的表现，所谓美即善及其形式，儒家的美即有特定的实质，亦有由此实质决定的特定形态，这种特定形态的艺术表现即"中和"。以适度为准则的"中和"，是儒家为人处世的艺术和原则，而其在道义内容和道德规范上则体现为"仁"与"礼"，《论语》有云："礼之用，和为贵。先王之道，斯为美；小大由之。"而所谓"乐而不淫，哀而不伤"乃中和原则在艺术层面的表现。

儒家的"中和"概念在《乐记》中得到进一步诠释，"广其节奏，省其文采，以绳德厚"。在此，"广其节奏，省其文采"即舒缓速率，减少修饰，追求平缓简约的效果，这也是"中和"在艺术形式上的基本特征，儒学提倡这种简约平实的艺术形式，主要还是为了诠释其所主张的特质美学。儒家视欲望为恶，即"目欲綦色，耳欲綦声，口欲綦味，鼻欲綦臭，心欲綦佚"。[1]将艺术审美也视为一种欲望追求，属"目欲綦色，耳欲綦声"。这种审美享受的欲求虽属限制之列，但在现实生活中又需要借助艺术作为传达道德规范的媒介，于是就"广其节奏，省其文采"，尽可能弱化其艺术性。《乐记》谓之："是故乐之隆，非极音也；食飨之礼，非极味也。清庙之瑟，朱弦而疏

1　《荀子·王霸》。

越，一倡而三叹，有遗音者矣。大飨之礼，尚玄酒而俎腥鱼，大羹不和，有遗味者矣。是故先王之制礼乐也，非以极口腹耳目之欲也，将以教民平好恶而反人道之正也。"[1] 在儒家思想里，艺术不是为享受和审美，而是为平欲和致善，可谓"仁自道义始，乐从德中来"。[2]《乐记》在对"音"与"乐"进行区分时认为："凡音者，生于人心者也；乐者，通于伦理者也。是故知声而不知音者，禽兽是也；知音而不知乐者，众庶是也。唯君子为能知乐。"[3] 在儒家看来，仅有审美功能不是真正的艺术，只要"通于伦理"，哪怕不悦目，不悦耳，缺少形式美和审美感受，仍被认为是美的。"儒家意识中的美不是善加上美的形式，而是善及其形式。"[4]

"中和"是儒家美的形态，"儒家人格的一个重要特征是谐世。要谐世就必须中和，要中和就是为了谐世"。[5] "不能没有哀乐之情，但不能有情感的自由，必须节之以礼，削弱强度，使之温和适中；不能没有感性形式，但不能有激动感官的形式，必须约之以德，削弱美感，使之平和简淡。温和适中的情感与平和简淡的形式的统一，这就是儒家规定的美的形态，即所谓'中和'"。[6]

儒家的审美理想长期影响着中国的城市形态。始建于元初的北京大都城最大限度地实现了儒家心目中王城的理想蓝图，其城市规划较历代都城，更全面地阐释了代表儒家礼制思想的《考工记·营国制度》的文化内涵。按照儒家以"中和""通于伦理"为形态美的理念，元大都城所体现出的无疑就是由儒家的特定实质决定的"美的形态"，简约平实的城市风貌充分体现出"广其节奏，省其文采"的"中和"理念。城市整体布局节奏舒缓，建筑环境简约质朴，城市色彩温和协调，这些都形象地体现了儒家对城市营建艺术的独特追求和从审美内涵到形态特征（理论到形式）的认识过程。

1　《礼记·乐记》。
2　北京四合院大门对联。
3　《礼记·乐记》。
4　成复旺：《中国古代的人学与美学》，中国人民大学出版社 1992 年版，第 67 页。
5　同上。
6　同上。

《论语·述而》有："志于道，据于德，依于仁，游于艺。"其中"艺"即指"礼、乐、射、御、书、数"六艺。据朱熹注："艺，则礼、乐之文，射、御、书、数之法。"[1]"六艺"被分为两类，礼、乐为艺术，射、御、书、数为技术。

礼、乐居六艺之首，其本身即为艺术，属意识形态层面，可见在儒家心目中对艺术主导作用的认识。而射、御、书、数为技术，属工艺之列，亦入六艺，且将技术归为艺术范畴，显示其广义艺术理念对于艺术的深刻理解。艺术不只是局限于谓之善及其形式的城市规划与建筑，"礼、乐之文，射、御、书、数之法"皆以善及其形式而为艺术。

对于"游于艺"，朱熹注："游者，玩物适情之谓。"[2]当然，孔子的"游于艺"不会只是为了"玩物适情"，朱熹所注"涵泳从容，忽不自知其入于圣贤之域矣。"在"忽不自知"中"入于圣贤之域"，体现出主体与对象之间非功利、非逻辑的自由交往审美活动的一个重要特征，此注应为深解孔子之意。在城市设计过于表面化、过于浮躁、过于急功近利的当代社会，儒家这种轻形式而重艺术属性的理想追求，对于我们今天重新审视城市环境艺术，深刻思考城市设计属性问题无疑具有积极的启发和借鉴意义。

现代西方美学关于艺术属性的学说

/ 表现主义美学的艺术属性

以克罗齐（B. Croce）为代表的表现主义美学（Expressionistic Aesthetics）对现代西方美学的发展有着较大的影响。克罗齐哲学的基本性质是非理性主义和主观唯心主义，其表现主义美学的核心是"直觉即表现"。直觉是一切知识的基础，是各种感觉印象的内在反映，因而，直觉也是美的根源。

美学在表现主义理论体系中排在哲学的第一部分，这主要缘于其自身精神活动的发展阶段。克罗齐学说的后继者、表现主义美学的杰出代表科林伍

1　《论语·集注》。
2　同上。

德认为，艺术、宗教、科学、历史、哲学是连续的不同阶段，而艺术以其"想象"的特性成为一切逻辑判断活动之先。

艺术的属性在克罗齐的理论中表现为精神活动，他在《精神哲学》中谈到精神形式的四个基本范畴：美、真、益、善。他认为："精神就是现实"，甚至"除了精神以外没有其他现实，除了精神以外没有其他哲学"。表现主义的精神又被分为智力和实践两大范畴，这两大范畴表明了精神活动所体现出的认识维度，即智力活动是第一维度，实践活动是第二维度。在智力和实践两大活动形式中，又各分为两个维度或阶段：一、"美学"，涉及第一维度的精神活动；二、"逻辑学"，涉及第二维度的精神活动；三、"经济学"，涉及第一维度的实践活动；四、"伦理学"，涉及第二维度的实践活动，这四个维度或阶段构成了美、真、益、善四个基本范畴，它们都是现实的"永恒创造者"。

就美学在精神哲学体系中的位置来讲，智力活动作为知识可以成为实践活动的指南，而智力活动中最基础的审美当然也就是一切活动（包括真理认识和实际应用）的准则了。就后一维度的活动要借用前一维度的活动为自己的形式才能得到具体的体现来讲，美学（艺术）的绝对地位使它成为一切活动（设计）主导元素。

以此来看，作为第一维度精神活动的"美学"是实践活动"经济学"的指南，而一切经济范畴的实践活动须以"美学（艺术）"为形式才能得到有效的体现。这一点与第四章中提出的艺术主导概念有相似之处，都强调作为精神活动的艺术对实践活动的主导、统筹作用，表现主义"美学"对"经济学"的指导，与本书"艺术"主导"城市设计"系同类维度关系，均认为"美学（艺术）"是第一位的。

科林伍德尽管不赞成克罗齐的"直觉即表现"理论，但他也认同艺术即情感的表现，是纯粹的主观想象活动。认为人的审美活动是一种思维在意识形式中使感觉经验转化为想象的活动，通过想象意识到自己本来没有意识到的情感，并把它提升为自觉的情感。他也认为艺术是第一位的，并以其"想像"的特性而居于一切活动之先。

　　表现主义美学理论对文学、戏剧、美学、文艺学等领域都产生了深刻的影响。无论是克罗齐的"直觉即表现"学说，还是科林伍德的"感觉经验转化为想象"的理论，都认同艺术即情感的表现，都认为作为精神活动的"艺术"是一切实践活动的指南，应以统筹其他活动的面貌出现。这种生活艺术化的观念与本书关于城市设计艺术属性的研究具有融通之处。而其主张在人类生活中艺术应以核心主导的形式得以体现的理念也与本书前面提出的"艺术主导设计"的理念相近。

/ 解释学美学的艺术属性

　　解释学美学（Hermeneutic Aesthetics）是传统哲学解释学在艺术研究领域中的运用，注重研究艺术的精神价值，认为艺术可以促进人际交流。解释学美学强调解释的先验图式、社会历史、文化条件、个人的学识修养等。其主要代表人物伽达默尔（Hans-Georg Gadamer）等认为，对艺术的解释离不开历史和文化，但由于每个人的先验图式及历史、文化的状况不同，对于艺术必然会产生各种不同的解释，因而，解释学美学所研究的中心问题就是艺术与人的关系，这也有助于解释本文所涉及的城市与人的关系。

　　1. 艺术本质存在差异性的学说——施莱尔马赫的哲学解释学

　　德国哲学大师施莱尔马赫（F. Schleiermacher）被普遍认为是现代哲学解释学的创始人，在历史上他首次将解释学作为一种"理解的艺术"去看待。他指出，解释学不是为了克服解释者对文义的偶然的"不理解"，而是为了解决由于作者与读者的时间间距所导致的必然的"误解性"。其心理解释首次把以往解释学最为忽略的个人心理特性部分引入解释学中。

　　他认为，美学（艺术）所涉及的是人类精神的自由活动，人类精神的一般活动既有普遍的共性，也有个体差异。因此，他在论及艺术时指出："从自在和自为角度看，艺术不是为了创造同一性，而是为了创造某种特定的印象。"认为艺术的特性在于其个性特征的表现，这与科林伍德提出的艺术以其想象的特性成为一切逻辑判断活动之先的理念有相通之处。

　　他还认为艺术具有多样性特点，而这种多样性则表现在民族差异上，因为，没有一个民族会与其他民族具有完全相同的审美观。因此，不同的民族对事物的感觉方式也会不同，创造本身就会体现出不同的群体倾向，从根本上看，创造是一个民族的活动，而不是个人的活动。因而，设计的属性也就具备了多样性和民族差异性等艺术特性。"艺术是与民族差异性相关的，艺术在本质上含有民族差异性。"

施莱尔马赫的解释学原则表现在将艺术理解视为一种由不同心理构成所制约的活动。他也因此被视为西方解释学史上第一位直接论述艺术问题的解释学美学的代表。

2. 从历史和现实生活出发的认识方法——狄尔泰的历史哲学解释学

狄尔泰（W. Dilthey）是解释学史上的一位重要人物，其主要贡献在于发展了施莱尔马赫的哲学解释学，将解释学的范畴扩展到对历史现实本身的研究，从而赋予解释学一种历史哲学解释学的新面貌。狄尔泰指出：作为人类伟大生活的记载、作为生命基本表现的历史，应成为理解的最终对象。解释学的任务应从作为历史内容的文献、作品、行为记载出发，复现它们象征的原初生活世界，从而使解释者达到像理解自己一样地理解他者的目的。狄尔泰将解释学扩展到了整个生活之中，他的名言是："理解与解释总在生活本身之中。"[1]认为既然解释根植于生活本身之中，那么，对艺术品的理解和解释也必然要遵循从历史和现实生活角度出发的认识方法。在他看来，解释学美学的方法论基础应是一种"超然的历史观"，是整个人文科学中的一个有机组成部分。

狄尔泰的历史哲学解释学美学的任务，就是基于对显现于历史过程中的人类本质的深刻理解，强调人类经验的历史性。作为历史组成部分的艺术作品都是源自人的具体生活经验而产生的，艺术家只能从其自身的生活经验出发进行创作。同艺术创作一样，艺术理解也是根植于人的实际生活经验。狄尔泰曾说："人对他自己和外部世界的理解总是依据他自身的生活经验与他所接触客观世界以及科学和哲学观念对他的影响之间的相互作用。"[2]在对艺

1　〔德〕狄尔泰：《狄尔泰文集》（第5卷），安延明译，中国人民大学出版社2010年版，第319页。
2　同上书，第274页。

术的理解中，作品把创作者的"自我"传递给观赏者，观赏者则从作品中"发现自我"。[1] 狄尔泰将对艺术的理解和解释扩展到了作为生活经验的历史现实之中，使解释学美学具有了鲜明的历史哲学色彩。

历史哲学解释学美学的观念，对于我们研究城市这个由历史构成的艺术作品具有积极的借鉴意义，当我们把对城市艺术的理解和解释扩展到作为生活经验的历史现实之中时，会发现理解与解释就存在于生活本身之中，作为人类生命基本表现与生活记载的历史，无疑应成为对城市设计艺术理解与解释的最终对象。

3. 艺术本体论——伽达默尔的解释学美学

二十世纪中叶，以伽达默尔为代表的现代哲学解释学的出现，标志着现代解释学美学的形成。伽达默尔不仅运用现代哲学解释学的原则探讨美学问题，还首次将美学问题视为解释学理论的有机组成部分。伽达默尔对艺术问题的解释学思考是以艺术作品为核心的，他关于艺术问题的所有阐述都是针对艺术品的。因此，艺术本体论思想构成了他解释学美学的主要成分。伽达默尔的艺术本体论思想主要由三部分组成，即，艺术作品本质论、艺术作品特征论和艺术作品欣赏论。

（1）艺术本质的解释学美学分析

对于艺术品的本质问题，伽达默尔的解释学美学创造性地做了动态的阐述，他把艺术品作为一个人理解的对象，放在欣赏关系中去考察，这样，艺术品就不是本身通常的静态规定，而是艺术品的存在方式规定，这个规定是首先通过把艺术品比作游戏，然后再将其视为创造物而做出的。游戏的概念是指"艺术作品本身的存在方式"。[2] 艺术是在进入人的理解活动中，在与主体构成的现实关系中获得存在的。……

伽达默尔在其代表性著作《真理与方法》中进一步把艺术作品比作创造物，并论述了其不同于一般性的三种独特存在方式。

"1. 艺术作品是一种创造物，创造物意味着把创造者自身的世界转化为

1　〔德〕狄尔泰：《狄尔泰文集》（第 5 卷），安延明译，中国人民大学出版社 2010 年版，第 275 页。

2　伽达默尔：《真理与方法》，洪汉鼎译，商务印书馆 2007 年版。

他者，成为对象世界，艺术作品就是主体把自身转化成对象世界。

"2.艺术作品作为创造物，它的真实性超越了现实的真实性。艺术的真实是一种愿望的真实，它表现的是人的愿望。伽达默尔认为，艺术的真实性始终立于某种可能性的未来视野中，而且这种真实性必定是立于期望背后的。

"3.艺术作品作为创造物，其意义能反复不断地被理解，任何一个创造物的内涵都会激发更新的内涵。昔日的艺术在历史发展中不断地与新物结合而产生新的意义。"[1]

显然，伽达默尔是把艺术的本质问题放在主体和艺术作品的欣赏关系中去研究的，采取这种动态研究的目的就是要区分艺术与一般物质的不同，明确其自身的不确定性及对观赏者的依赖。这种对艺术本质特征的论述在伽达默尔的解释学美学中是贯穿始终的。

（2）艺术特征的解释学美学分析

关于艺术作品的特征问题，伽达默尔同样是从主体和艺术的欣赏关系去研究的，通过对这些动态特征的分析，揭示了艺术的历史性和变动特点，并从三个方面对艺术的动态特征进行了阐述。

其一，艺术作品的时间性。

艺术品的意义在不同时空中的不同观赏者眼中会有所不同，作品意义的实现依赖于观赏者的参与，因而，艺术的实际存在必然是随观赏者在生活的演变中获得，艺术的这种存在方式即时间性。

其二，艺术作品的存在转换力。

艺术作品不只具有存留意义，其原型通过表现，还能不断经验到一种对存在的扩充，即艺术作品的存在转换力。艺术不是消极地模仿存在的产物，它不仅有着积极的扩充能力，并且还将不断产生新的意义。

其三，艺术作品的随机性。

艺术的随机性是存在于作品自身中未实现，但从本质上又是可实现的指

---

1   伽达默尔：《真理与方法》，洪汉鼎译，商务印书馆 2007 年版。

令。应该"由其达到表现的机遇出发去经验某种对意义的不断规定"。[1]伽达默尔认为艺术作品的意义本身是不断变化的，"艺术作品本身就是那种在不断变化的条件下不同地呈现的东西，现在的观赏者不仅仅是不同地去观赏着，而且也看到了不同的东西。"[2]以此来看，艺术作品的意义在于一个无限的过程之中，从属于不断演变的现实。

以上三个艺术特征的共同点是艺术作品意义的不确定性及对观赏者的从属性，这不仅是我们看待历史演变应有的态度，也是设计所需要的、艺术具有的特性和力量。可以说，在意义流变的过程中对艺术作品进行动态研究是伽达默尔解释学美学的精神核心所在。

（3）艺术欣赏的解释学美学分析

关于艺术作品的欣赏问题，伽达默尔指出："一切流传物、艺术以及一切往日的其他精神创造物……都是异于其原始意义的，而且是依赖于解释和传导着的精神的"。[3]就是说，对艺术的欣赏不是被动地去把握其意义，而应积极地去再造和组合作品的意义，即重建和创造艺术与现实生命的融通。

从解释学美学的艺术欣赏学说出发，我们似乎看到在艺术的发展过程中，人的无限性、可变性推动了艺术的无限生命，这也正是艺术的真实所在。

解释学美学所研究的中心问题是艺术与人的关系。对于艺术本质与特性的解释，解释学美学认为不能离开历史和文化，由于人的历史、文化状况各异，对于艺术必然会产生各种不同的解释。而本文研究的城市设计与人的关系也体现了这种艺术属性的问题，对于城市设计艺术属性的解释离不开历史和文化，因而，城市设计艺术属性研究的中心问题也必然是艺术与人的关系，城市艺术的无限生命依赖于人的无限性（持续性）、可变性（创造性）的推动，这也正是城市设计的根本属性所在。

以上中西方美学流派从各自学说的角度对艺术属性问题进行了深入研

1　〔德〕伽达默尔：《真理与方法》，洪汉鼎译，商务印书馆2007年版。
2　同上。
3　同上。

究，在对传统美学认真审视的基础上对美学问题重新思考并做出了新的解释，同时也促使我们从美学视角关注当代的城市艺术设计问题。

当前，世界经济一体化发展使我国历史城市的艺术环境的发展出现了前所未有的危机，当我们大力引进西方建设理念，借鉴其先进经验的时候，也应更多地了解其美学观点、城市发展理念及对艺术本质问题的见解，并通过中西美学思想的比较，使我们有一个正确的城市发展观。

本章小结

本章选取了中西方具有代表性的美学流派，从美学的视角对设计"属性"问题进行研究，这些学派观点各异、研究方法也不同，甚至在对艺术的认识上还存有对立性，但各自都是从学术角度对艺术论题进行研究，并对设计的艺术属性提出了不同的见解和定义。

第六章　历史语境下的城市艺术文脉

元大都的艺术营建理念

/《周礼·考工记》对中国古代都城设计的影响

北京不仅拥有三千多年建城史和八百多年建都史，同时还是一座具有艺术风范的城市。悠久的历史、深厚的文化底蕴和独特的地理位置，使这里遍布载有历史文化内涵的艺术景观，它们是这座古都特有的艺术财富。

都邑营建历来被看作是一项立国的根本大计，作为国家的象征，都城的兴盛即代表国之兴盛。"古之王者，择天下之中而立国。"[1]就是指都邑选址要适中。地势地貌也是考虑的重点因素，既要水源丰盈，又须物产富足。管子的建都理论是："凡立国都，非于大山之下，必于广川之上。高毋近旱，而水用足；下毋近水，而沟防省。因天材，就地利"。[2]这一观念表述了中国古代国都选址的基本法则，体现了宏观环境规划的传统艺术观。

北京城址的初始选择正是基于这一整体思考原则。层峦叠嶂的燕山山脉，在北京西北部形成了一个弧形的山湾，其山峦以南是开阔的华北冲积平原，形成了半封闭状的"北京湾"，可谓"非于大山之下，必于广川之上"。西北群山环抱，宛似围屏。东南则一马平川，广阔无垠，玉泉山水引入城中，犹如蜿蜒的玉带。"因天材""就地利"，构成了一道别具风采的城市艺术风景线。

---

1 《吕氏春秋·慎势》。
2 《管子·乘马第五》。

北京建城史可追溯至西周蓟城,《史记·周本纪》云:"武王追思先圣王,乃褒封神农之后于焦,黄帝之后于祝,帝尧之后于蓟,帝舜之后于陈,大禹之后于杞。"[1]后契丹政权吞并燕云十六州,改国号为辽,并加筑幽州城(蓟城)为辽陪都,称"南京"。金代中都城又在辽陪都"南京"的基础上加以扩建,在辽行宫之处开挖了"太液池",堆筑了"琼华岛"(今北海公园)。景观人文艺术化之风在这一时期逐渐兴起,著名的"燕京八景"即始于此时。

构成北京旧城基本城市形态的元大都城则是以金代琼华岛为中心择址兴建的,大都城的设计恪守了《周礼·考工记》所规定的"匠人营国,方九里,旁三门。国中九经九纬,经涂九轨,左祖右社,面朝后市"[2]的原则。城周长28600米,约50平方公里,共设11门。城内街道齐整,形如棋盘,规划高低有序,平缓开阔。(见图6-1)

《考工记》在西汉时编入《周礼·冬官》,成为《周礼》六篇之一。通过其中王城营建规制的等级特征使我们看到,《考工记》虽以器物设计、制作为基本内容,却具有专为天子定制的属性,如《十三经注疏》汉代郑氏注:

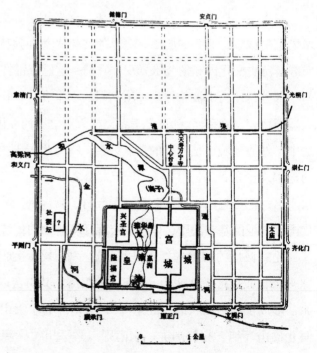

图 6-1　元大都平面图

资料来源:侯仁之主编,《北京城市历史地理》,北京燕山出版社 2000 年版。

1　《史记·周本记》。
2　《周礼·考工记》。

《古周礼》六篇者，天子所专秉以治天下，诸侯不得用焉。……《冬官》一篇其亡已久，有人尊（专）集旧典，录此三十工以为《考工记》。虽不知其人，又不知作在何日，要知在于秦前，是以得遭秦灭焚典籍，《韦氏》《裘氏》等阙也。故郑云"前世识其事者，记录以备大数耳"。……首末相承，总有七段明义：从"国有六职"至"谓之妇工"，言百功事，重在六职之内也；从"越无镈"至"夫人而能为弓车"，言四国皆能其事，不须置国工也；从"知者创物"至"此皆圣人所作"，言圣人创物之意也；从"天有时"至"此天时也"，言材虽美，工又有巧，不得天时则不良也；从"攻木之王"至"陶瓬"，言工之多少之数及工别所宜也；从"有虞氏"至"周人上舆"，论四代所尚不同之事也；从"一器而工聚者，车为多"，言专据周家所尚之事也。[1]

以此看《考工记》是关于天子礼制器物设计和形制规范方面的典籍。在其成书的春秋战国时期，物质享用的等级制度已有所失控，诸侯、卿大夫等恃其财力越权享用"天子"标准，这种不断蔓延的"僭越"行为被孔子斥为"八佾舞于庭，是可忍也，孰不可忍也"。

借此，代表天子尊严的设计规范和形制标准有必要整理成文，以其作为等级的准则，即上述"前世识其事者记录以备大数耳"。而"大数"则指城池及器物的主要设计规制和基本尺寸。

《考工记·匠人营国》是对中国古代都城营建理念和原则的第一次明确记述，它的出现标志着中国古代都城规划理论体系的正式形成，它所记录的王城平面规划具有设计学的普遍意义，而其精心制定的王城与诸侯、大夫城墙的尺度差别，更是体现了《考工记》以"大数"控制"僭越"、严格维护等级制度的作用。

《考工记》对王城的规划明确指出了都城城墙、城门、道路、庙宇、宫殿及市集等的营建位置，反映了"居天下之中"的王权至上思想。而这些

1　《周礼注疏·卷三十九》。

建筑元素的分布与组合规则，可以看作是对西周王城理想模式的一种艺术描绘。

《考工记》虽非出自孔子，但从其崇尚礼制来看，能够列入儒家经典也在情理之中。儒家心目中的理想王城是方方正正、中规中矩的都城布局，鲜明地体现了王权至上的理念，展现的是儒家所期望的经过长期战乱后一统盛世的理想蓝图。

按照儒家以"中和""伦理"为形态美的美学理念，元大都城所展现的无疑就是由儒家特定实质决定的"美的形态"，简约平实的城市风范充分体现出"广其节奏，省其文采"的"中和"理念。城市整体布局节奏舒缓，建筑环境温和质朴，城市色彩简约和谐，这些都形象地诠释了儒家在城市营建层面对艺术的独特追求。

但在当时复杂的社会环境下，儒家的这种广博、素朴的艺术理念很难成为各国统一遵守的都城建设规制。至今，考古尚未发现与该理论体系完全相吻合的城市遗址，即使在产生《考工记》的齐鲁大地上，齐国临淄故城和曲阜鲁国故城等昔日都城的布局也与儒家心目中的理想王城有很大差异。[见图6-2（1）、图6-2（2）]

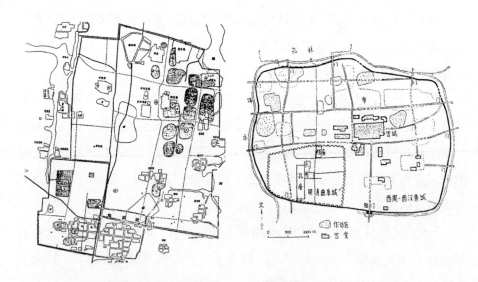

图6-2（1）齐国临淄故城平面图　　　图6-2（2）曲阜鲁国故城平面图

资料来源：张驭寰，《中国城池史》，百花文艺出版社2003年版。

从东周时期城市布局反映的信息看，考虑最多的还是选址问题，如依山傍水，因地制宜，突出王室地位，功能分区明确，满足政治和军事需要等。

历代都城的规划设计都是当时政治与经济结合的产物，统治者按照自己的精神需求制定王城营建的规制，并不是统一沿用以儒学思想为核心的城市规范和形制标准。《周礼·考工记》营国制度代表的仅是儒家心目中的理想审美形态，而从历史发展进程来看，中国古代城市营建呈现的是多元的、不断融合的艺术特征。

一般认为，《周礼·考工记》是春秋时齐国的官书，但当时齐国都城临淄的城市形态并未体现出《考工记》的营建范式。其他都城建设也未见有严格执行《考工记》营国制度的案例。始建于汉惠帝元年（前194）的西汉长安城，其平面因渭水而呈不规则方形，从形制看，除东、西、南、北面各有三座城门，符合"旁三门"的要求外，其他方面均与《考工记》营国制度相距甚远。（见图6-3）

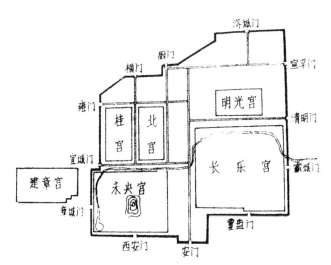

图6-3　西汉长安城平面图

资料来源：张驭寰，《中国城池史》，百花文艺出版社2003年版。

而建于隋大业元年（605）的唐东都洛阳城，由于地形原因，城西北部向里收，呈不规则方形，洛水东西横穿，将城市分隔为两块。按《考工记》营国制度的要求，也只有"旁三门"一项略符合要求。图中显示，唐东都洛阳城共有城门十一座，分别为南面三座、东面三座、北面三座，西面可能由于地形原因只有偏北侧的两座城门。至于"九经九纬，经涂九轨，左祖右社，面朝后市"等也与规制相距甚远。（见图6-4）

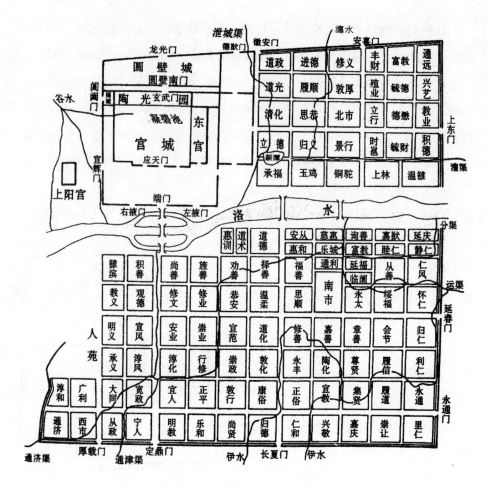

图 6-4 唐东都洛阳城平面图

资料来源:〔清〕徐松撰，李健超增订，《增订唐两京城坊考》，三秦出版社 2006 年版。

　　唐西京长安城前身为隋都城大兴城［建于隋开皇二年（582）］，大兴城是按预先的总体规划择新址建设的，从城市的布局看，应是参照《周礼·考工记》营国制度而规划的，但局部也有所不同。整个城池布局规整，朱雀门街为城市中轴线，左右严格对称，但皇城、宫城建在中轴线的最北端。都会市与利人市建于朱雀门街左右，这些都与《考工记》营国制度中"面朝后市"的位置规定有所不同。隋大兴城规划之初，东、西、南、北均各开三座城门，在规制上与《考工记》营国制度相同。整个城市以宫城、皇城、朱雀门街为正中，东西两侧里坊对称，排列整齐。（见图 6-5）

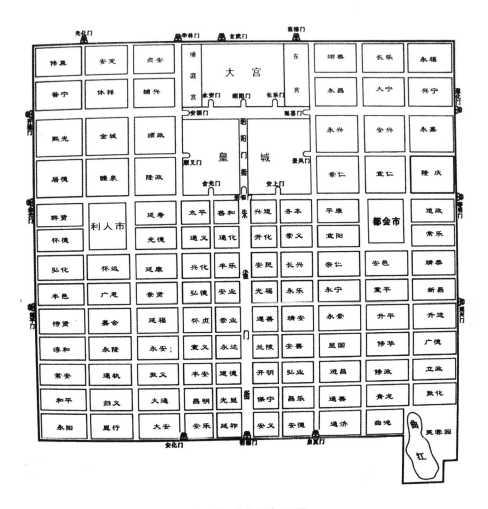

图 6-5　隋大兴城平面图

资料来源：朱士光主编，《古都西安》，西安出版社 2003 年版。

白居易曾以诗形容隋都大兴城："百千家似围棋局，十二街如种菜畦"[1]，形象地描绘了城中居住区井然有序的格局。此后，唐代仍建都于此，并改大兴城为长安城。唐西京长安城虽对原大兴城有改建与增建，但城市的基本格局未发生太大的变化，总体来看，从隋大兴城到唐西京长安城还是在很大程度上体现了《考工记》的营建理念。（见图 6-6）

1　〔唐〕白居易：《登观音台望城》，见《白居易集》（卷二五），中华书局 1979 年版。

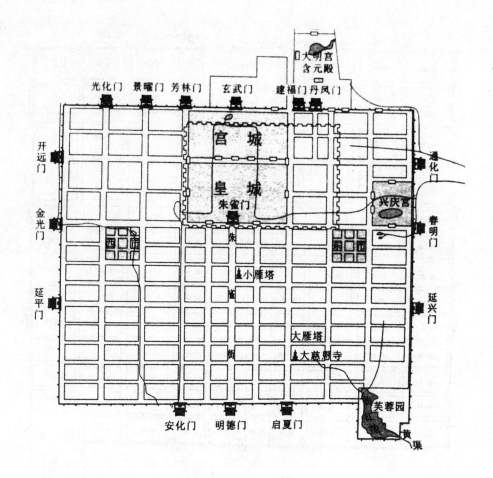

图 6-6　唐西京长安城

资料来源：张驭寰,《中国城池史》,百花文艺出版社 2003 年版。

/元大都城体现的城市设计美学思想

从历史上都城的营建情况看，大多与《周礼·考工记》的规制有一定距离，《考工记》过于理想化的都城模式在现实中不断被改变。而真正认真贯彻《考工记》思想并执行其营建规制的却是一个靠武力征服天下的游牧民族——蒙古族。蒙古灭金后，忽必烈认为"大业甫定，国势方张，宫室城邑，非钜丽宏深，无以雄视八表"[1]，遂决定放弃金中都旧址另建新都。

1　《马合马沙碑》所记亦黑迭儿事迹，见欧阳玄：《圭斋集》（卷九）。

元至元三年（1266），元世祖忽必烈派谋臣刘秉忠（时任光禄大夫、太保、参领中书省事）来燕京一带择地。据《元史·刘秉忠传》记："（至元）四年，又命秉忠筑中都城，始建宗庙宫室。八年，奏建国号曰大元，而以中都为大都。他如颁章服，举朝仪，给俸禄，定官制，皆自秉忠发之，为一代成宪。"[1]《续资治通鉴》也提到："景定四年春正月（元世祖中统四年），蒙古刘秉忠请定都于燕[2]，蒙古主从之。"以此看，不仅大都城由刘秉忠主持营建，就连元朝的国号以及定都北京都缘自刘秉忠的主张。

刘秉忠熟读经书，自身糅集了儒、道、释三家思想，不仅尊奉《易经》，还精于阴阳数术。忽必烈称："其阴阳数术之精，占事知来，若合符契，惟朕知之"[3]。可见，当时刘秉忠深得元世祖的器重，有诗云："学贯天人刘太保，卜年卜世际昌期。帝王真命自神武，鱼水君臣今见之。"[4]以当时忽必烈对刘秉忠的信任，加之对汉学的崇尚，刘秉忠以体现儒家美学思想的营建规制作为元大都城设计的主导思想应是顺理成章之事。

元大都的营建理念基本恪守《周礼·考工记》的原则，即"匠人营国，方九里，旁三门。国中九经九纬，经涂九轨，左祖右社，面朝后市"。在广阔的平原上，大都城最大限度地实现了儒家心目中理想王城的设计蓝图。这座城市以艺术的形式表述了一个民族、一个地区或一个时代的艺术特征，不仅包括民族性与地方性的生活方式，还体现了一个时代艺术与科学所达到的高度。黑格尔曾说：艺术的使命就在于为一个民族的精神找到适合的艺术表现形式。

凯文·林奇也在《城市意象》一书中认为："随着时代的发展，城市的作用也比原来增加了很多，成为仓储、碉堡、作坊市场以及宫殿。但是，无论如何发展，城市首先是一个宗教圣地"。并认为"是因为宗教的作用才使得它完成由村庄转变为城市的第一个飞跃，城市的实体形态，仪典建筑，是

1　《元史·刘秉忠传》。
2　1267年，至元四年初建时称"中都"，1272年，至元九年改"中都"为"大都"，并定为都城。
3　《元史·刘秉忠传》。
4　〔元〕张昱：《可闲老人集》（卷二），见《四库全书·别集》。

作为它的吸引力的基础。"[1] 从中世纪开始，教堂就被认为是天堂的象征，因而，当时西方建筑中唯有教堂和修道院是质量最好的建筑。人们对理想城市的向往不是落实在城池的理性规划上，而是靠宗教建筑帮助人们将理想之城转化为现实，而转化的标准，教堂的建设者们也只能在《圣经》对颇具理想色彩的上帝之城的描述中去寻求："我被圣灵感动，天使就带我到一座高大的山，将那由神那里从天而降的圣城耶路撒冷指示我，城中有神的荣耀。城的光辉如同极贵的宝石，好像碧玉，明如水晶。有高大的墙，有十二个门，门上有十二位天使，门上又写着以色列十二个支派的名字。东边有三门，北边有三门，南边有三门，西边有三门。城墙有十二根基，根基上有羔羊十二使徒的名字。对我说话的，拿着金苇子当尺，要量那城和城门、城墙。城是四方的，长宽一样。天使用苇子量那城，共有四千里，长宽高都是一样；又量了城墙，按照人的尺寸，就是天使的尺寸，共有一百四十四寸。墙是碧玉造的，城是精金的，如同明亮的玻璃"。[2]

这座颇具神秘和浪漫色彩的上帝之城所展现出的四方形城池、十二个城门、每面各有三门的理想规制竟与《考工记》"方九里，旁三门"的营国制度不谋而合。从艺术的角度看，中西方对理想城市的向往都不是落实在城池实用功能的理性规划上，而是借助信仰的帮助将理想之城转化为现实。

元大都城是靠信仰的力量诞生的一个王城，既没有由村庄到城市的逐步过渡，也不曾出现任何转变过程，它的初始设计方向就是建构一个理想的、整体的、体现中国人城市观念的艺术作品。

关于中国的城市概念和城市结构，芮沃寿（A. F. Wright）在《中国城市的宇宙论》一书中提出了自己的见解："所有的文明都有一个选择一个幸运之地以建城市的传统，以及将城市的不同部分跟神祇和自然力量关联起来的价值系统。在古代，宗教的影响力深远而庞大，一个民族的信仰和价值系统会在城市的选址及其设计上彰显出来。一般而言，当文明发展了，古老传统的权威没落了，世俗的考虑（经济的、战略的和政治的）便开始对城市的位

1　〔美〕凯文·林奇:《城市意象》，方益萍、何晓军译，华夏出版社 2012 年版。

2　《圣经·启示录》，第 21 章，第 10—18 节。

置和设计占有主导地位。对于很多社会来说，其早期的宗教影响，极少反映在日后的城市中，但中国历史是个例外。在中国悠久的城市建设历史中，我们发现了一个精心制作的象征主义，它在世俗的转变中间持续地影响着城市的选点和设计。"[1] 文中的"象征主义"即指中国的儒家和道家学说所代表的传统意识形态对城市设计的影响。从城市概念来看，元大都比历代都城都更全面地诠释了儒家的美学思想。

靠武力夺取天下的忽必烈清醒地认识到"马上打天下，不能马上治天下"，对于汉文化及儒家学说持认同态度的蒙古统治者在迁都元大都之前，即在元上都（原都城开平，今内蒙古自治区多伦附近）宫殿后面建有孔庙。金中都城陷落后，都城庙学毁于战火。1229 年，王檝（此时期蒙古的政治代理人）于枢密院旧址重兴庙学，春秋时节率诸生行释菜礼，并取旧祁阳石鼓列于庑下，此举被称为儒道重兴、弦歌再起的盛事。1233 年，窝阔台下诏建国子学于燕京，遣蒙古子弟十八人学习汉语，选儒士为教读。

元朝尊孔子为"大成至圣文宣王"。忽必烈令州县各立孔子庙，均供奉孔子塑像。在元大都的城市规划中，孔庙是重要的建筑项目之一。大德六年（1302），在大都城东北区域兴建孔子庙和国子学舍（今孔庙与国子监），皇庆初，又将祁阳石鼓移至其中，虞集任大都儒学教授。

从上述可以看出，元大都的城市规划能够遵循《考工记》的营国规制，最大限度地在城市建设上体现儒家的"中和"思想，也是与蒙古统治者崇尚汉法、尊崇儒道分不开的。关于儒学与城市文化，芮沃寿总结出四点，即拟古主义、建制主义、集权主义、道德主义。[2] 括言之，以周礼为信条，以人与自然的关系解释一切人类与自然世界的现象，帝王为人类世界的权力中心，并具有道德层面的统治职责。在城市问题上，芒福德也提出过"在城市的发

1　Wright，A.F.，*The Cosmology of the Chinese City*，1977，p. 33. 转引自薛凤旋、刘欣葵：《北京：由传统国都到中国式世界城市》，社会科学文献出版社 2014 年版，第 6—7 页。

2　Wright，A.F.，*The Cosmology of the Chinese City*，1977，p. 66. 转引自薛凤旋、刘欣葵：《北京：由传统国都到中国式世界城市》，社会科学文献出版社 2014 年版，第 10 页。

展中，帝王处于核心的位置"[1]的推论。

儒家将人类与自然世界的关系维系在帝王身上，其美学思想体系则通过国都的规划设计体现出来，以礼制为美的设计理念亦成为中国城市设计的基本模式。

儒家的审美追求长期影响着中国的城市形态。对其来说，美不在于物，而在于人；美不在于人的形体、相貌，而在于人的精神和伦理人格。在儒家美学体系中，"中和"为其形态美的表现，所谓"美"即善及其形式。儒家的美既有特定的实质，亦有由此实质决定的特定形态，这种特定形态的艺术表现即"礼"的体现。可以说，儒家关于都城营建的艺术理念体现出理性与精神的高度统一。

/ 元大都城市环境设计的艺术理念

元大都的规划遵循《周礼·考工记》有关王城的规制和理念，整个城市坐北朝南，城池为长方形，南北略长，东、西、南三面城墙均设三座城门，北面为两座城门。这与《考工记》营国制度规制基本相同，只是北面少一座城门。全城的正中心有中心阁，据研究，这个标志性建筑的位置构成了全城四至的基准，表现出了具有创造性的规划水平。城市中轴线从城南正中的丽正门开始穿过中心阁纵贯全城，宫城的主体建筑也都沿这条中轴线有序展开，太庙与社稷坛分设于宫城东西两端，皇帝登极与朝会的大明殿在宫城的前部，主要集市则集中在城中心的钟鼓楼一带。符合《考工记》"左祖右社，面朝后市"的规划布局。（见图6-7）

1　Mumford，L.，*The City in History*，London: Pelican，1961. 转引自薛凤旋、刘欣葵：《北京：由传统国都到中国式世界城市》，社会科学文献出版社2014年版，第11页。

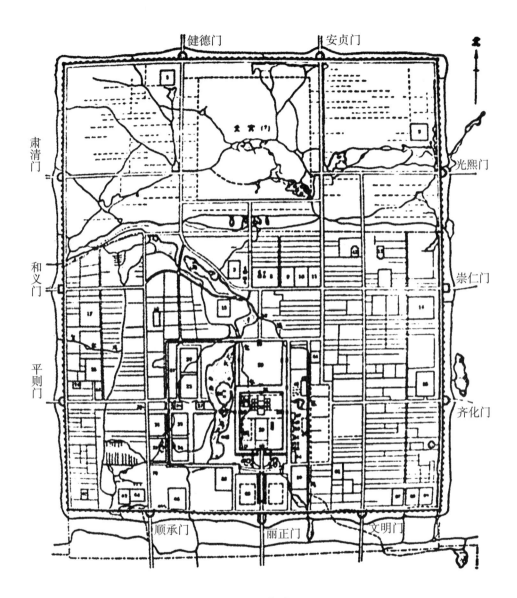

图 6-7　元大都城平面图

资料来源：张驭寰，《中国城池史》，百花文艺出版社 2003 年版。

城中的街道按《考工记》"国中九经九纬，经涂九轨"的原则，由南北和东西走向的干道构成方整的棋盘形。"自南以至于北，谓之经；自东以至于西，谓之纬。大街二十四步阔，小街十二步阔。三百八十四火巷，二十九衙通"。[1] 城区坊巷布局从实用出发，规整有序。

意大利人马可·波罗于至元十二年（1276）来到大都城，他对城市的平面规划极为赞赏，并在其游记中描写道："全城中划地为方形，划线整齐，建筑房舍。每方足以建筑大屋，连同庭院园圃而有余……方地周围皆是美丽道路，行人由斯往来。全城地面规划有如棋盘，其美善之极，未可宣言。"[2]

至于城门的数量和分布，元大都城基本与《考工记》的规制相同，仅北面少一门，全城设十一门的原因目前还无确切史料作出解释。元张昱《可闲老人集·辇下曲》云："大都周遭十一门，草苫土筑哪吒城。讹言若以砖石裹，长似天王衣甲兵。"从这些词句来看，大都城规划之时，曾有巫师借编造天宫神话预言城之未来，大都城被喻为哪吒之躯，按其三头六臂设置城门，即南垣三门为三头，东、西两垣各三门为六臂，北城两门则为两足。此规划基本暗合《考工记》营国制度中"旁三门"的规制，只北城垣少一门。同时还预言城墙若甃以砖石，其威势堪比天王麾下无数身披铠甲的天兵。元大都的城门城墙均被附以谶语，据此看，大都城在按《考工记》营国理念进行规划的同时，不忘体现封建皇权的君权神授思想，同时对风水及术数也有所考虑。元末明初长谷真逸著《农田余话》也说："燕城系刘太保定制，凡十一门，作哪吒三头六臂两足"，此现象似与精于术数的刘秉忠有关。

关于城门，马可·波罗在书中也有如下描写："全城有十二门（应为误记），各门之上有一大宫（城楼），颇壮丽。四面各有三门（北面实际只有二门），五宫，盖每角亦各有一宫，壮丽相等。"[3] 马可·波罗对大都城规划艺术的赞誉溢于言表，鉴于其在大都城居住 17 年之久，对此城的描述应基本符合事实。

在城市整体布局中，元大都的宫城建筑设在城市中轴线的前端，在与周边环境的关系上，以一种不凡的艺术处理手法使庄严的宫殿建筑与自然水域景观有机结合、相互映衬，营造出一派怡人的城市美景。大都的建设规划以

1　熊梦祥：《析津志辑佚》，北京古籍出版社 2001 年版，第 4 页。

2　〔意〕马可·波罗：《马可·波罗行纪》，冯承钧译，上海书店出版社 2006 年版。

3　同上。

琼华岛及太液池为核心，宫殿建筑环列东西两岸，东岸建宫城（大内），西岸建隆福宫、兴圣宫、太子宫，水域周边琼楼玉宇，景色优雅。而海子（包括今积水潭、什刹海、前海、后海）从西北流向东南，水域辽阔。而皇城则在城南部中轴线偏西，主要也是缘于太液池景区的规划设计，敢于将水面置于城市的中心地带，这也反映出元大都城市布局既尊古制又因地制宜的艺术特色。

宫城北门至后载红门之间留有大片自然绿地作为皇家御苑，因畜养珍禽异兽，故又称"灵囿"。宫城西侧的万岁山（琼华岛）是全城的制高点，有南侧小岛（瀛洲，今"团城"）通过白玉石桥与其相连。山上原有广寒宫，后增建了仁智殿、荷叶殿、方壶亭、瀛洲亭等。山间置有奇石、绿植，山顶有石龙喷泉，《辍耕录》曰："山皆叠玲珑石为之，峰峦隐映，松桧隆郁，秀若天成"[1]，极尽传统园林之美。

明朝工部郎中萧洵曾以"虽天上之清都，海上之蓬莱，尤不足以喻其境也"[2]来形容元大都宫城，其对明初拆除大都宫城颇有惋惜之情，并在《故宫遗录》中对元宫城做了详细记录："门阙楼台殿宇之美丽深邃，阑槛琐窗屏障之流辉，园囿奇花异卉峰石之罗列，高下曲折，以至广寒秘密之所，莫不详具。"[3]元末陶宗仪所撰《辍耕录》也十分详细地记录了元大都的"宫阙制度"。依据这些古籍的记载，我们得以大致了解元大都宫城的基本情况。宫城周围9里30步，东西480步，南北615步，城墙高35尺（元大都设计以步为计量单位，一步约合1.54米）。整个宫城南向，正门为崇天门，宫城内分南北两组建筑，南组以大明殿为主体，北组以延春阁为主体。"凡诸宫周庑，并用丹楹彤壁藻绘，琉璃瓦饰檐脊。"[4]殿内布置富有蒙古族色彩，"内寝屏障重复帷幄，而裹以银鼠，席地皆编细簟，上加红黄厚毡，重复茸单"[5]。地毯、壁衣的广泛应用及以织物遮裹外露之木构件，都鲜明地体现出元代宫

1　〔元〕陶宗仪：《辍耕录·宫阙制度》。

2　〔明〕萧洵：《故宫遗录·序》。

3　同上。

4　〔元〕陶宗仪：《辍耕录·宫阙制度》。

5　同上。

廷建筑装饰的艺术特色。

为了将高粱河水系的天然湖泊纳入大都城中，遂以此湖泊最东端为中心基点（元明称"海子桥"，即今"万宁桥"，俗称"后门桥"），以西面能囊括积水潭天然湖泊的距离作为确定大都城东、西城墙的半径。元大都城的选址与规划以收纳积水潭为目的，设计者从艺术设计的视角为这座城市巧妙地规划了一个风景怡人、生态良好的水域景观。为这座北方城市融入了难得的柔美水景，元大都城围绕水系的规划建设是城市功能与艺术设计结合的典范。

对此，梁思成先生曾谈到，一位英国建筑大师来华参观，在北海金鳌玉蝀桥上，看到桥两面水波浩瀚，开阔而赏心悦目，遐思之余由衷地赞道："中国人真伟大，在这样一个对称式的城市里，突然有这样不对称的海，这是谁也想不到的，能有这样的规划建设的思想、手法，真是大胆的创造。"[1]

在元大都城的建设过程中，刘秉忠"采祖宗旧典，参以古制之宜于今者"，结合地域特点，最近似地将古代国都营建的理想艺术蓝图创造性地表现出来。不仅如此，大都城的宫殿建筑还糅合了许多少数民族的建筑艺术，使这座城市既秉承了传统都城营建艺术的精神，又在规划、建筑和艺术装饰方面体现出自身独有的特色，从而成为中国城市设计史上一座珍贵的艺术作品。

总体来看，元大都整体布局基本上符合传统"礼制"下的营建规制，城市的布局遵循轴线对称的原则，规模宏大，布局严谨。儒家美学理念在元大都的建设中得到了真正的发扬，可以说，元大都城是中国历史上最接近《周礼·考工记》营国制度的一座都城。但大都城的设计又不拘泥于古代典籍，能因地制宜，结合地域特征进行城市设计，体现出设计者不凡的艺术思维。

---

1   张驭寰：《中国古建筑分类图说》，河南科学技术出版社 2005 年版，第 139 页。

明北京的城市艺术整合理念

/ 实用性城市整饬与艺术传承

洪武元年（1368），朱元璋占据元大都后将其更名为“北平府”（元称“大都路”），并立即对城池进行整改，首先将北城墙南移五里，放弃荒芜的北部城区。《天府广记》载：“明洪武元年戊申，八月庚午，徐中山达取元都。丁丑，命指挥华云龙经理故元都，新筑城垣。南北取径直，东西长一千八百九十丈，高三丈五尺五寸”。[1]《燕都从考》也提到：“明洪武初，改大都路为北平府，缩其城之北五里，废东西之北光熙、肃清二门，其九门俱仍旧”。[2] 新北城墙沿东护城河与积水潭之间的渠道南岸而筑，仍然只设两城门，并重新命名，东为“安定门”，西为“德胜门”。明初对大都城北城垣进行的大规模改建，主要考虑的应是城市的整体形象问题，北墙南缩，放弃空旷荒芜的北区，城市布局瞬间变得紧凑、合理，不但省却了北区未来的建设成本，精力和财力也可集中到城市环境的整合与建设上面，从而也提升了城市的整体艺术形象和防御能力，这对建国初期百废待兴的明统治者来说无疑是明智之举。

永乐元年（1403）正月，即位前曾就藩北平的明成祖朱棣升北平为北京，改北平府为顺天府，北平地位的提升预示着朱棣的迁都意向。

永乐五年（1407）五月开始兴建北京宫殿。永乐十三年（1415）维修北京城垣。永乐十四年（1416）有公侯伯五军都督等上疏曰：“窃惟北京河山巩固，水甘土厚，民俗纯朴，物产丰富，诚天府之国，帝王之都也，皇上营建北京实为子孙帝王万年之业”[3]，“伏惟北京，圣上龙兴之地，北枕居庸，西峙太行，东连山海，南俯中原，沃壤千里，山川形胜，是以控四夷，制天下，诚帝王万世之都也。……伏乞早赐圣断，敕所司择日兴工，以成国家悠

1 〔清〕孙承泽：《天府广记》，北京古籍出版社 2001 年版。
2 陈宗蕃：《燕都从考》，北京古籍出版社 2001 年版。
3 赵其昌主编：《明实录北京史料·明太宗实录·卷一八二》，北京古籍出版社 2001 年版。

久之计，以副臣民之望。"[1] 文中关于政治、经济、地理形式的综合设计构想可谓颇具宏观的艺术想象力。

明代对大都城基本以整合与改建为主，延续了原有的建筑格局，但在整饬过程中，既有继承又有较大发展。新的城市格局以拆除元宫城重新营建的明宫城（紫禁城）为中心，其外围依次是皇城、大城（嘉靖三十二年增建外城后，大城又称为"内城"）、外城，街巷仍延续原方正平直的格局。

继洪武年间北城墙南移后，永乐十七年（1419）又拓展南城垣，将原大都城南城墙（今长安街南侧一线）南移约二里（今前三门大街一线）。永乐五年开始兴建的紫禁城也在元大内的旧址上稍向南移，东西两墙仍延续旧址，南、北两墙分别南移了约 400 米和 500 米，皇城南墙也相应南移。

北京城池整体调整后，原大都城以"中心台"为几何中心的城市格局被打破，新的城市几何中心南移至万岁山（后称煤山、景山）。这个人工堆积的新城市中心制高点更显著，实体感也更强。山南面的紫禁城是位于全城中心区最高的建筑群，其周围皆为较低平的建筑，由于城市严格限制建筑高度，使明代北京城市风貌呈现特有的平缓宏大的艺术特质。

明代对北京城的改造并没有偏离《考工记》营国制度的基本形态，从城市整体布局看更加紧凑、合理，其宫城和皇城更趋近城市的中心，宫城重建也基本沿元宫城旧址，左祖右社的布局也更明确。总之，从明朝对元大都城规划设计的延续发展举措，表现出明统治者对于《考工记》营国制度艺术规划理念的认同。

正统元年（1436）至正统四年（1439），北京完成了京师九门城楼、箭楼、瓮城的改建和装饰，城四隅增建角楼，各城门外增立牌楼，砖石砌筑城濠两壁，城门外木桥改筑石桥。一系列的城垣改造使北京的城门形象有了很大改观，构成了包括城楼、箭楼、瓮城、石桥、牌楼的建筑组群。城楼、箭楼经过改建也更具艺术观赏性。杨文贞士奇纪略曰："正统四年，重作北京城之九门成。崇台杰宇，巍巍宏壮。环城之池，既浚既筑。堤坚水深，澄洁

1 赵其昌主编：《明实录北京史料·明太宗实录·卷一八二》，北京古籍出版社 2001 年版。

如镜，焕然一新。耄耋聚观，忻悦嗟叹，以为前所未有，盖京师之伟望，万年之盛致也"。[1]

明代对北京城池的增建与改造使得这座"草披土筑"的城垣"焕然金汤巩固，足以耸万年之瞻矣"。不仅满足了军事防御的需要，同时也使其兼具实用功能与审美价值，成为古代城池设计的艺术典范。此时的北京城不仅城楼和城墙"崇台杰宇，巍巍宏壮"，整个城市形态也是"前所未有，盖京师之伟望，万年之盛致也"。登正阳门城楼观之，但见："高山长川之环顾，平原广甸之衍迤，泰坛清庙之崇严，宫观楼台之壮丽，官府居民之麟次，廛市衢道之垒布，朝觐会同之麇至，车骑往来之垒集，粲然明云霞，滃然含烟雾，四顾毕得之"[2]。寥寥数语形象地赞颂了这座古城特有的景观意境。其"高山长川之环顾，平原广甸之衍迤"，正合管子"凡立国都，非于大山之下，必于广川之上。高毋近旱，而水用足；下毋近水，而沟防省。因天材，就地利"。[3]的都城规划理论，也是对古人建都选址艺术的情景式解读。而"泰坛清庙之崇严，宫观楼台之壮丽"，则以正阳门城楼为视角，描绘出在太庙和社稷坛的左右烘托下明代宫城建筑群辉煌壮丽的艺术景象。也是《考工记》关于"左祖右社"及宫城居中而建的理想艺术布局。"官府居民之麟次，廛市衢道之垒布"，展现出布局规整、纵横有序的城市街巷格局，皇室建筑与民居建筑的对比与排列秩序造就了都城特有的城市肌理，也表现出对《考工记》"九经九纬，经涂九轨"城市理想布局艺术的理解。

"城楼观感"向我们展现了一幅解读中国古代营国制度的明代现实版蓝图。明北京城不仅整合、延续了元大都城的基本格局，更重要的是根据时代发展的需求不断对城市环境进行艺术修饰和改建。

北京外城城垣始建于明嘉靖三十二年（1553），形成与内城南面相接的"重城"。由于嘉靖年间蒙古兵屡犯京城，自嘉靖二十一年起就已有增筑外城的建议。至三十二年，给事中朱伯辰，又以"城外居民繁多，不宜无以围

1　〔清〕孙承泽：《天府广记·卷四·城池》，北京古籍出版社 2001 年版。
2　同上。
3　《管子·乘马第五》。

之，臣尝履行四郊，感有土城故址，环绕如规，周可百二十里。若仍其旧惯，增卑补薄，培缺续断，可事半而功倍。"[1] 奏请筑外城之事。当时北京外城城垣的规划是距内城五里之处建外罗城，环绕内城。另据兵部尚书聂豹等计量，"大约南一面计一十八里，东一面计一十七里，北一面势如椅屏，计一十八里，西一面计一十七里，周围共计七十余里。"[2] 聂豹对北城墙"势如椅屏"的形象比喻，则是基于其职业特点道出北城垣在防御功能方面的重要性，只有椅屏牢固，坐在椅上才能舒适安稳。《燕都丛考》也提到北京城墙"东西南三面各高三丈有余，上阔二丈；北面高四丈有奇，阔五丈"，[3] 北城墙无论高与阔都优于其他三面城垣，确呈椅屏之势。

北京外城城垣于嘉靖三十二年闰三月开工，由城南开始建设，但兴工不久即感"工非重大，成功不易，"后因财力不足，无力成"四周之制"，仅修建了内城南面的一部分，形成转抱内城南端的重城。建成的南城墙辟有三门，正中为永定门，东为左安门，西为右安门，东城墙辟广渠门，西城墙辟广宁门（清更名"广安门"），与内城东南角相接处开东便门，与内城西南角相接处开西便门，外城四隅各建一角楼，内、外城墙衔接处建碉楼，至此，北京城垣轮廓构成了凸字形。

北京虽最终未能完成"环绕如规，周可百二十里"的外城环绕内城的宏伟规划，但从其距大城五里等距离环筑城垣，对应大城九门开设城门，各设门楼等设计方案，我们还是可以看到《考工记》规划理念的影响。（见图 6-8）

1　陈宗蕃：《燕都丛考》，北京古籍出版社 2001 年版。
2　同上。
3　同上。

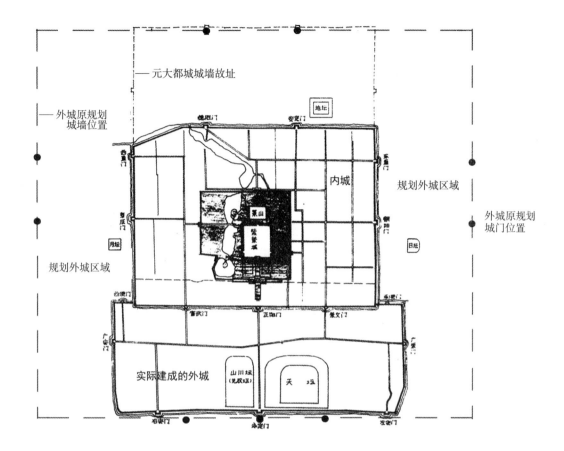

图 6-8　北京外城规划图（明嘉靖三十二年）

资料来源：作者参考张驭寰《中国城池史》（百花文艺出版社 2003 年版）明北京城池图绘制。

这一宏伟的城垣规划如果实现，将是对《周礼·考工记》营国制度最具新意的诠释和发展，从某种视角看，更是儒家理想王城设计艺术的超级版本。

建筑大师梁思成先生在《北京——都市计划的无比杰作》一文中认为："北京是在全盘的处理上，完整地表现出伟大的中华民族建筑的传统手法和在都市计划方面的智慧和气魄。……证明了我们的民族在适应自然，控制自然，改变自然的实践中有多么光辉的成就。这样的一个城市是一个举世无双的杰作。"[1]

1　梁思成：《北京——都市计划的无比杰作》，载《新观察》，1951 年 4 月，第二卷 7—8 期。

/ 艺术主导的城市环境改造

明政府不仅通过重新规划与整合使北京的城市布局有了较大的变化，对城市环境的艺术性也更加注重。城墙的改建使以"中心台"为城市几何中心的格局被打破，新的城市中心点南移至万岁山（又称煤山、景山）。城市规划则以新建的明紫禁城为核心，形成宫城、皇城、内城、外城依次向外扩展的城市形态，多重城垣的形式也诠释了古代都城的基本营建思想。

明代新建的宫城规模比元代更大、也更具艺术性；皇城随之拓展，同时扩建太液池景区；在中轴线的北端新建具报时功能的鼓楼和钟楼；兴建天坛、山川坛（后改为"先农坛"）；城内广立标志性牌楼；改建箭楼、城楼、瓮城，城墙整体包砌城砖。这些新的城市建筑除具有使用功能外，同时还有象征、表彰、纪念、装饰、标识和导向等多重作用，城市的艺术环境也因此得到整体提升，可以说，北京的城市整体特征在明代进一步得到完善。

1. 南北中轴线艺术

明嘉靖三十二年增建北京外城城垣后，将天坛、山川坛囊括于城中，南起外城正中的永定门，北至钟鼓楼止，构成了一条长达 7.8 公里的城市中轴线，城市的主要建筑与空间秩序皆沿这条轴线延伸并展开，北京城就是以这条线为主导的一件艺术作品。在此，程序的设计成为北京中轴线建筑艺术的灵魂，始于南起点的永定门，沿中轴线北行，两边均衡对称建有天坛和山川坛，然后进入正阳门，继而进大明门（清代改称"大清门"），沿御道北行，入承天门（清称"天安门"）、端门，沿线两侧有太庙和社稷坛，进午门、皇极门（清称"太和门"）抵达皇极殿（清称"太和殿"），再向北的中轴线上还有交泰殿、建极殿、乾清门、乾清宫、坤宁宫及钦安殿，出玄武门（清称"神武门"），向北穿越万岁山（清称"景山"）主峰，过北安门（清称"地安门"）终止于鼓楼和钟楼。正是这条贯穿南北的中轴线，将整个城市的平面布局和空间组织串联起来，呈现极富节奏感和序列感的艺术韵律。[见图 6-9（1）、图 6-9（2）]

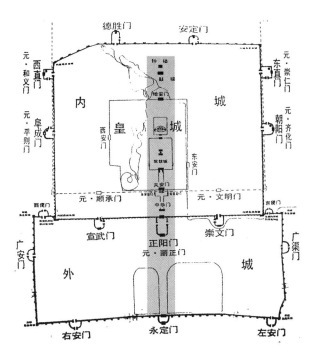

图 6-9（1） 中轴线平面

资料来源：作者根据张先得《明清北京城城垣和城门》（河北教育出版社 2003 年版），城垣城门位置示意图改绘。

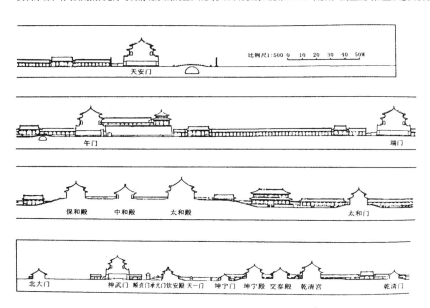

图 6-9（2） 中轴线剖面（紫禁城部分）

资料来源：朱祖希，《营国匠意——古都北京的规划建设及其文化渊源》，中华书局 2007 年版。

2. 城门建筑组群的景观艺术

明北京城池建设是城市环境整饬的重要部分，因其重要的军事防御功能而成为明代最早整修的城市建筑，洪武初便对周长四十里的夯土城墙外侧"创包砖甓"。正统元年（1436）至正统四年（1439）修筑城楼、箭楼、瓮城、闸楼，各城门外立牌楼，城四隅各置角楼一座。在对城池的建设方面，明统治者早已不满足元大都的"草披土筑"形式，虽城市格局基本沿袭大都城之旧，但城垣与城门组群建筑的设计更趋向于体现规制和艺术性。

北京内城九座城门建筑组群的内容基本相同，皆由城楼、瓮城、箭楼、窝桥及牌楼组成，构成别具风采的城门建筑组群艺术景观。其中正阳门的规格等级和尺度明显高于其他八个城门，九门箭楼中唯有正阳门箭楼开辟城门，箭楼门正对城楼门，专供皇帝御驾进出京城之用。正阳门的建筑规制俗称"四门三桥五牌楼"，远大于内城其他门的"二门一桥三牌楼"。

以正阳门组群建筑形制为例：正阳门箭楼东、西、南三面各辟箭窗四层，南面每层十三孔。共五十二孔；东、西两面每层四孔、每面各十六孔，连抱厦二孔，共有箭窗八十六孔。民国四年改造后，抱厦东、西两面各增四孔，箭窗最终合计九十四孔。箭楼主楼通宽约 54 米，进深 20 米；北出抱厦庑座五间，面宽 42 米，进深 12 米；箭楼通进深 32 米，通高 35.37 米。箭楼为重檐歇山式，灰筒瓦绿琉璃剪边，饰绿琉璃脊兽。

正阳门城楼面宽七间，进深三间，通宽 50 米，进深 24 米；通高 43.65 米。重檐三滴水歇山顶，灰筒瓦绿琉璃剪边，绿琉璃脊兽，朱梁红柱，金花彩绘。上下两层楼阁，上层外有迴廊，前后檐装菱花隔扇门窗，下层朱红砖墙，辟过木方门。

北京的城门建筑是以"礼"体现艺术的典范，儒家美学观认为，单纯的形式美和审美享受并不是真正的艺术和美，只有"通于伦理"的、节之以礼的、缺乏形式美的、缺乏审美的艺术才是真正的艺术和真正的美，即美不是善加上美的形式，而是善及其形式。这一点在北京城门建筑形制上得到了充分体现。

光绪二十九年（1903）筹备修复正阳门，负责工程事宜的直辖总督袁世凯和顺天府尹陈璧在奏折中尊崇正阳门"宅中定位，气象巍峨，所以仰拱宸居，隆上都而示万国"，并提到"其工费固宜核实樽节，而规模制度究未可稍涉库隘，致损观瞻"，可见工程费用还在其次，重要的是其原有规制不可随意更改。但在庚子战乱中，工部所存案卷已"全行遗失无存"，遂拟出一个补救办法，即"原建丈尺，既已无凭稽考，惟有细核基址，按地盘之广狭，酌楼度之高低，并比照崇文、宣武两门楼度，酌量规划，折衷办理。"[1]但须"后仰而前俯，中高而东西两旁皆下，似与修造作法相合，而体格亦尚属匀称惟是。此事关系重大"[2]。正阳门的"规模制度究未可稍涉库隘，致损观瞻"，只有通于伦理、节之以礼才能体现真正的美，而不致有损观瞻。

表 6-1　北京内城九门箭楼规制比较

单位：米

箭楼	箭台正面宽	箭台进深	主楼正面宽	主楼进深	箭窗	通高
正阳门	57.80	39.00	54.00	20.00	86孔〔民国四年（1915）改建后为94孔〕	35.00
崇文门	40.00	30.00	34.20	11.50	82孔	30.00
宣武门	40.00	30.00	34.20	11.50	82孔	30.00
朝阳门	38.95	26.60	34.15	11.50	82孔	30.00
阜成门	39.70	30.85	34.75	11.35	82孔	31.00
东直门	39.00	29.95	34.80	11.20	82孔	30.00
西直门	40.15	30.40	35.30	11.20	82孔	30.00
安定门	39.30	28.00	34 .50	11.80	82孔	30.00
德胜门	40.35	27.20	35.35	11.85	82孔	32.00

资料来源：作者自制。

正阳门箭楼通高约 35 米，比内城其他箭楼高出 4—5 米。主楼正面宽 54 米，较其他箭楼宽出约 20 米。主楼进深 20 米，比其他箭楼多出约 8 米多。箭窗共 86 孔（改造后共计 94 孔），比其他箭楼多 4 孔。箭台正面宽近 58 米，比其他箭台底部长约 18 米。

1　袁世凯、陈璧：《正阳门楼工程奏稿》，工艺官局印书，光绪二十九年。
2　同上。

表 6-2　北京内城九门城楼规制比较

单位：米

城楼	面阔	楼室宽	楼室进深	城台正面宽	城台进深	通高
正阳门	七间	36.70	16.5	53.90	32.50	40.00
崇文门	五间	27.50	13.3	44.30	28.95	23.50
宣武门	五间	27.00	12.60	42.85	27.10	23.50
朝阳门	七间	27.45	12.80	40.25	25.15	24.00
阜成门	七间	27.70	17.60	42.20	30.50	24.00
东直门	五间	26.75	10.65	41.80	24.20	23.05
西直门	五间	26.25	12.9	42.70	25.75	23.50
安定门	五间	25.85	12.30	39.60	25.75	23.00
德胜门	五间	26.00	12.25	40.35	28.35	23.00

资料来源：作者自制。

正阳门城楼连城台通高约 40 米，比内城其他城楼高出 6—7 米。城台宽约 54 米，比内城其他城台宽约 10—14 米。楼室宽 36 米，较其他楼室宽出约 10 米。

表 6-3　北京内城九门瓮城规制比较

单位：米

瓮城	南北长	东西长	瓮城内建筑
正阳门	108 米	88 米	关帝庙、观音庙
崇文门	86 米	78 米	关帝庙
宣武门	83 米	75 米	关帝庙
朝阳门	68 米	62 米	关帝庙
阜成门	68 米	62 米	关帝庙
东直门	68 米	62 米	关帝庙
西直门	68 米	62 米	关帝庙
安定门	62 米	68 米	真武庙
德胜门	117 米	70 米	真武庙

资料来源：作者自制。

正阳门瓮城面积大于其他城门瓮城，而且瓮城内庙宇也多于其他城门，除常规的关帝庙外，还建有其他瓮城内都没有的观音庙。

正阳门弯桥称"正阳桥"，正阳桥尺度也大于内城其他八城门的弯桥，规制为三通道式（其他弯桥均为一通道式），中间主道为御道，只供皇帝进出城之用，百姓只能走两侧辅道。《燕都丛考》记："正统四年四月，修建京师门楼城濠桥闸完。……又深其濠，两涯悉甃以砖石。九门旧有木桥，今悉撤之，易以石。又记：正阳门外跨石梁三，余八门各一。"[1]

正阳桥始为穹形，民国八年改筑为平式。清人吴长元在《宸垣识略》中对正阳桥及牌坊有如下描述："正阳桥在正阳门外，跨城河为石梁三；其南绰楔五楹，甚壮丽。金书正阳桥，清、汉字。"[2]

牌楼亦称牌坊，古称绰楔。正阳桥牌楼的尺度也大于内城其他八个城门的牌楼，规制为五间六柱五楼式（其他各城门牌楼均为三间四柱三楼式），故又称"前门五牌楼"。《英宗正统实录》记："正统四年四月丙午，修造京师门楼、城壕、桥闸完，正阳门正楼一，月城、中、左、右楼各一，崇文、宣武、朝阳、阜成、东直、西直、安定、德胜八门各正楼一，月城楼一，各门外立牌楼。"[3] 城门牌楼是各城门建筑群最外端的标志性建筑，也是城门建筑景观中轴线的起点。

从正阳门建筑组群的尺度上可以看出明代城垣建设规制的严格，而这种规制除规范等级制度外，还体现了以"礼"和"通于伦理"为形态美的理念，儒家观念中的城市艺术就是礼制在城市构成中的表现，认为美就是"礼"及其形式，作为城市形象的城门建筑群，颇具代表性地诠释了由儒家特定实质决定的"美的形态"。

明代城池无论规制还是艺术水准都超越了元代。1969 年北京拆除西直门箭楼时，发现其城台中还包砌着一个小城门，西直门在元代称"和义门"，主城门在瓮城东侧西直门城楼处，由于小城门位于瓮城西墙，故应为"和义门"的瓮城门（因其在明代箭楼的位置，或称和义门箭楼）。（见图 6-10）据记，为加强大都城的防御，元至正十九年十月初一日（1359 年 10 月 22日）统治者曾下令大都城的 11 个城门都要加筑瓮城。

从意外发现的这座元代城门的体量与设计看，明显逊于明代的城门建

1　陈宗蕃：《燕都丛考》，北京古籍出版社 2001 年版。
2　〔清〕吴长元辑：《宸垣识略》，北京古籍出版社 2001 年版。
3　赵其昌主编：《明实录北京史料·英宗正统实录》，北京古籍出版社 1995 年版。

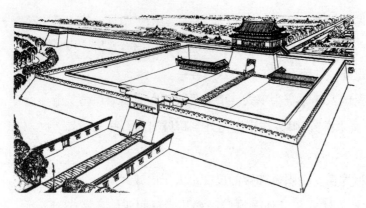

图 6-10　元大都和义门瓮城复原图

资料来源：傅熹年，《傅熹年建筑史论文集》，文物出版社 1998 年版。

筑，建筑质量也较差。

和义门箭楼与西直门箭楼形制比较：

（1）和义门箭楼（瓮城门）

1969 年出土的元大都和义门城门残高约 22 米，门洞长 9.92 米，宽 4.62 米，内券高 6.68 米，外券高 4.56 米，城门为券洞结构，是在两座门墩中间起四层砖券，均用竖砖，券脚只有一层半落于墩台面上，做法较原始，箭楼面层为元代小薄砖砌筑。门墩面宽 3.5 米，内侧角砌有石角柱。门洞内两侧有门砧石和铁制鹅台（承门轴的半圆形铁球），原有木制门扇，门框及门额均于填筑前拆去。

（2）西直门箭楼

箭台宽约 40 米，进深 30 米，主楼面宽 35 米，进深 11 米，后出庑座五间，庑座开过木方门三个，箭楼正面开四层箭窗，每层 12 孔，两侧面各开箭窗四层，每层 4 孔，庑座两侧各开瞭望窗 1 孔，共有箭窗 80 孔。

图 6-11　西直门箭楼

资料来源：傅公铖，《北京老城门》，北京美术摄影出版社 2002 年版。

闸楼无城台，建于瓮城南侧券门之上，为灰筒瓦硬山顶，饰灰瓦脊兽，面阔三间，正面开箭窗二排每排 6 孔，共 12 孔，闸楼背面正中开过木方门，两侧间各开一方窗。箭楼面层为明代大城砖砌筑。（见图 6-11）

从上述比较看，明代

城门与城墙不仅形制高大、建筑装饰趋向艺术化，其材料选择也更加精心。明初开始以砖包砌大都土城，此后历经修葺，除对砌筑工艺有严格的规定外，对城砖的材质把控更是严格。具考证，明代早期的城砖皆产自江南，由京杭大运河运抵北京，目前所见有砖铭记录的城砖已包括成化至崇祯的所有朝代。这些城砖的铭文详细记录了与城砖生产相关的官员、窑户、工匠等，体现出当时严格的生产责任制度。

为了确保城砖的质量，工部特别制定了具体的鉴别标准和方法，使城砖的品质鉴定更具可操作性。

万历十二年，"十月庚申，工部覆：司礼监太监张宏传砖料内粗糙者申饬，烧造官务亲查验，敲之有声、断之无孔，方准发运"。[1]

"万历十二年（丁巳）十二月，工部侍郎何起鸣条陈营建大工十二事。一议办物料砖须有声无孔……"[2] 如此看来，明代筑城所用砖必须达到敲之音质清亮，断之密实无隙的标准才算合格。"敲之有声，断之无孔"也因此而成为明城砖优良材质的标签。

仅从城砖的视角亦不难看出明代对于北京城池质量和艺术形象的重视程度。（见图6-12）

图6-12　明代城砖铭文
资料来源：蔡青摄。

3. 棋盘式街巷布局与建筑规制下的艺术

我国古代王城理想的道路布局是经纬涂制的路网，所谓"九经九纬，经

1　赵其昌主编：《明实录北京史料·神宗实录》，北京古籍出版社1995年版。
2　同上。

涂九轨",即以"九经九纬"三条大道为主干,附以与之平行的次干道,结合顺城的环涂而构成。棋盘式城市道路网及街巷布局是古代都城的传统布局,也是北京城市路网的基本特征。明北京城的街道布局仍沿用元大都之旧,保持了棋盘式的格局。马可·波罗形容元大都"全城地面规划犹如棋盘,其美善之极,未可言宣"。

大都城的南北向和东西向各9条干道(包括顺城街),干道阔24步,小街阔12步,胡同阔6步。按一步为1.55米计算,分别为干道37米,小街阔18米,胡同9米。明北京城的街道布局基本沿用了元大都的道路制式,特别是内城一直保留着方正的街巷格局。

明代北京城共分三十六坊,内城二十八坊,外城八坊,元明时期北京城的里坊制体现了中国传统城市的组织艺术和城市文化性格。从《考工记·营国制度》看,里坊制也是儒家传统秩序思想的体现。整个城市以宫城为中心,形成宫城、皇城、大城的秩序化艺术格局。而依靠"九经九纬,经涂九轨"的道路将皇城外围划分为若干独立区域,每个区域内均按规制建设,既体现围合又注重秩序,既有色彩对比又有艺术构成,大片灰色民居建筑编织的城市肌理烘托着宫城建筑黄瓦红墙的尊贵与辉煌。

丹麦著名建筑与城市规划学家拉斯穆森在《城镇与建筑》一书中赞叹:"北京,古老的都城,可曾有过一个完整的城市规划的先例,比它更庄严、更辉煌?""整个北京城乃是世界的奇观之一。它的平面布局匀称而明朗,是一个卓越的建筑物,象征着一个伟大文明的顶峰。"[1]美国建筑学家贝肯还在《城市建筑》一书中提到北京城的礼制:"在地球表面上人类最伟大的单项工程可能就是北京城了。整个城市深深沉浸在仪礼规范和宗教仪式之中"。

棋盘式的城市道路网及街巷布局是北京城整体礼制秩序的一部分,在这里,儒家思想得到了艺术性的表述。《礼记》开篇即说:"夫礼者所以定亲疏,决嫌疑,别同异,明是非也。"又曰:"道德仁义,非礼不成。教训正俗,非礼不备。分争辩议,非礼不决。君臣上下父子兄弟,非礼不定"。[2]而在现实生活中,"礼"不仅决定着人伦关系,还决定着城市布局和建筑形式。儒学

1　〔丹〕斯坦·埃勒·拉斯穆森:《城镇与建筑》,韩煜译,天津大学出版社2013年版。
2　〔西汉〕戴圣:《礼记》。

认为，美就是"礼"及其形式，礼作为实质决定着美的特定形态，儒家观念中的城市艺术就是礼制在城市建构中的表现。

由于对礼的尊崇，等级与制度被严格划分和执行。我们在整个北京城的规划中看到了以礼制与秩序为"美"的布局艺术，正是这种特定的艺术形式形象地体现出"别同异"和"君臣上下……非礼不定"的美学观念。

英国人李约瑟曾评价北京城的整体规划："中国的观念是十分深远和极为复杂的。因为在一个构图中有数以百计的建筑物，而宫殿本身只不过是整个城市连同它的城墙、街道等更大的有机体的一个部分而已。……这种建筑、这种伟大的总体布局，早已达到它的最高水平。它将深沉的对大自然的谦恭的情怀与崇高的诗意组合起来，形成任何文化都未能超越的有机图案。"[1]宫殿、城墙、街道以及民居，都是这种棋盘式城市布局的"更大的有机体的一个部分"，它们互相关联、互相衬托，魅力也因此而得到发挥。（见图6-13）

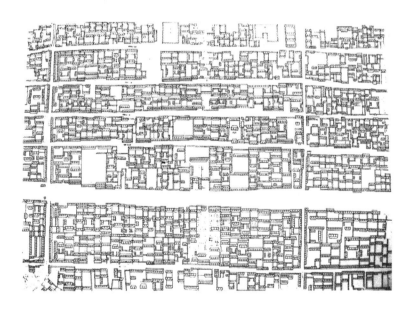

图6-13　北京街坊局部图（乾隆京城全图）

资料来源：北京古代建筑研究所、北京市文物局资料信息中心编，《加摹乾隆京城全图》，北京燕山出版社1996年版。

――――――――――

1　李允鉌：《华夏意匠》，中国建筑工业出版社1985年版。

如果说棋盘式的北京城市布局是基于一种宏观的伦理秩序，那么在此格局下的建筑则有着更为具体的礼制规范。

中国的建筑等级制度是以"礼"为内涵的，周代的建筑等级制度包括三个方面：建筑类型；营造尺寸；构筑形式、色彩与装饰。

（1）建筑类型

明堂、辟雍等只有"天子"能够享用。而泮宫、台门、台等，属于天子和诸侯才可拥有的建筑类型。

（2）营造尺寸和数量

营造尺寸和数量是"礼"的重要形态特征，如王宫门阿之制、宫隅之制及城隅之制，均按周礼等级划分出不同的标准。对于诸侯国都及卿大夫采邑，在规模和数量上都有差异，如"宫之城方九里，宫方九百步；伯之城方七里，宫方七百步；子男之城方五里，宫方五百步。"[1]"王宫门阿之制五雉，宫隅之制七雉，城隅之制九雉……门阿之制，以为都城之制；宫隅之制，以为诸侯之城制。"[2]"天子之堂九尺，诸侯七尺，大夫五尺，士三尺。"[3]"王有五门，外曰皋门，二曰雉门，三曰库门，四曰应门，五曰路门"。"凡乎诸侯三门，有皋、应、路。"[4]

（3）构筑形式、色彩与装饰

形式、色彩与装饰都体现着"礼"的鲜明特征，如"楹，天子丹，诸侯黝，大夫苍，士黈（tǒu）"[5]，"天子宫殿屋顶为"四阿顶"[6]，卿大夫以下宫室屋顶则为两坡顶[7]。只有天子的庙堂可使用"山节""藻棁（zhuō）"[8]来装饰，其他人均不得使用。

1　〔西汉〕戴德：《大戴礼记》（十二卷），七十七篇，《朝事》。
2　《周礼·考工记·匠人》。
3　〔西汉〕戴圣：《礼记·礼器》。
4　〔西汉〕戴圣：《礼记·王制》《礼记·郊特牲》。
5　《春秋·谷梁传》，北京大学出版社标点本。
6　《逸周书·作雒》："明堂、太庙、路寝咸有四阿"。
7　〔西汉〕戴圣：《礼记》（小戴礼记、小戴记），《冠义》《仪礼·士冠礼》。
8　〔西汉〕戴圣：《礼记》（小戴礼记、小戴记），明堂位（第十四）。《论语·公冶长》："臧文仲居蔡，山节藻棁"。

周代的建筑等级制度是以"礼"为中心的国家根本制度之一，城市的美不仅有其特定的实质——礼，也有由这种实质决定的特定形态，这种形态体现在建筑上即等级规制。此后唐、宋两朝也都有较明确的关于建筑等级制度的规定。明朝则制订了一套更严苛的建筑等级规制，《明太祖实录》卷六〇：洪武四年正月戊子，"命中书定议亲王宫室制度。工部尚书张允等议：'凡王城，高二丈九尺五寸，下阔六丈，上阔二丈。女墙高五尺五寸。城河，阔十五丈，深三丈。正殿，基高六尺九寸五分；月台，高五尺九寸五分；正门，台高四尺九寸五分；廊房，地高三尺二寸五分。正门、前后殿、四门城楼，饰以青绿点金；廊房，饰以青黑；四城正门，以红漆金涂铜钉。宫殿窠拱攒顶，中画蟠螭，饰以金边，画八吉祥花；前后殿座用红漆、金蟠螭；帐用红销金蟠螭；座后壁则画蟠螭、彩云。立社稷、山川坛于王城内之西南；宗庙于王城内之东南。其彩画蟠螭改为龙。'从之"。[1] 以此看，明代的建筑等级制度严格而精细，程度甚至超过唐、宋两朝，等级划分也更加细微具体，仅厅堂、大门及梁栋绘饰的规制就设有四个等级标准。如下：

表6-4　构筑形式、色彩与装饰等级标准

官职等级	厅堂	大门	门环	绘饰
公侯	七间九架	三间五架、金漆	兽面锡环	梁栋斗拱檐桷彩绘饰
一、二品	五间九架	三间五架、绿油	兽面锡环	梁栋斗拱檐桷青碧绘饰
三至五品	五间七架	二间三架、黑油	锡环	梁栋、檐桷青碧绘饰
六至九品	三间七架	一间三架、黑门	铁环	梁栋饰以土黄
庶民庐舍	三间五架	—	—	禁止彩色绘饰

明代严格的建筑等级制度也促使城市建筑不得不考虑更多的艺术设计方案来适应多层次的需求，做到既美观而又不"僭越"。明代都城建设也在继承历代传统的基础上开创新制，奠定了这座城市的基本艺术模式。

4. 明代对元大都城的改建与增建

明代对北京城的整合与改建主要基于城市防御功能和艺术性两个方面，

[1]　赵其昌主编：《明实录北京史料·明太祖实录·卷六〇》，北京古籍出版社1995年版。

其建筑形式更注重审美需求，在满足使用功能的前提下，尽可能地提升城市的艺术形象。

表6-5　明代京城的改建项目

名称	改建内容
北城墙	废弃原北城墙及"安贞""建德"二门，南移5里新建北城墙及"安定""德胜"二门。包砌城砖
南城墙	废弃原南城墙及"丽正""文明""顺承"三门，南移约800米新筑南城墙及"正阳""崇文""宣武"三门。包砌城砖
东城墙	北段废弃5里，废"光熙门"，南段延长约800米。接新筑南城墙，包砌城砖
西城墙	北段废弃5里，废"肃清门"，南段延长约800米。接新筑南城墙，包砌城砖
宫城	毁元大都宫城，在原址新建明宫城（紫禁城）
城楼	改建内城9座城楼
箭楼	加建9座箭楼
瓮城	改建9座城门瓮城并包砌城砖
太庙和社稷坛	将太庙和社稷坛改建于承天门左右两侧

资料来源：作者自制。

表6-6　明代京城的增建项目

名称	增建内容
外城	城墙，四隅角楼，7座城门（城楼、箭楼、瓮城）
牌楼	二十余座
万岁山（煤山、景山）	新城市中心和制高点
鼓楼与钟楼	位于中轴线末端
天坛和山川坛	位于永定门内中轴线南端左右两侧

资料来源：作者自制。

清京师的城市艺术传承理念

╱城市营建的艺术传承与发展

顺治元年（1644）满族统治者建立大清政权并定都北京。"定都京师，

宫邑维旧”[1]，完全沿用了前朝旧都，这座古城也因此得到完整的保留。这次
改朝换代之所以罕见地未出现城市的重大损毁，一方面是没有在此发生激烈
战事，更主要的还是缘于清朝统治者对汉族文化艺术的推崇。布局严整的
城市，金碧辉煌的宫殿，怡人的城市景观……出身于游牧民族的满族（女
真族的后裔）权贵们被这座城市的艺术魅力所折服。全盘承袭明北京城之
举，使清朝皇帝成为中国历史上唯一全面接收并沿用前朝遗存都城的统治
者。

　　对于明代的宫城建筑，清朝也只是进行了一些小范围的改扩建，如在紫
禁城内先后增建了乾隆花园、畅音阁、乐寿堂、颐和轩、养性殿及景祺阁
等，原仁寿殿改为皇极殿、宁寿宫。顺治十二年（1655）将万岁山更名为景
山。乾隆十五年（1750），在景山上依中轴线左右对称地建了五座亭子，万
春亭骑中轴线建于主峰正中；东侧依次是周赏亭、观妙亭；西侧依次有富览
亭、辑芳亭。站在城市制高点的中亭之上便可一览全城美景。

　　清代对太液池景区的整合可称为一次城市景观艺术的再创造，改建后的
太液池分别称为南海、中海、北海，在景区内大量新建亭台楼阁，使“三
海”景观更加丰富多彩。北海北岸增建的西天梵境和九龙壁都是难得的艺术
精品，而拆除琼华岛广寒宫建起的白塔，更是成为“三海”景区乃至京城的
标志性建筑。

　　清代的这些城市环境整饬措施，秉承的是一种对城市艺术传承发展的理
念。清统治者对前朝遗存建筑与景观的态度并不是简单地否定，令其随前朝
一同消亡。他们对城市环境与建筑采取的措施是从改变其最具朝代艺术特色
的元素入手，并赋予其新的时代特征。

　　清建国伊始，首先将具有政权象征的“大明门”改为“大清门”，原建
筑无需拆毁，一块匾额的更换，使其瞬间变成了大清帝国的象征，同时还多
了一层征服的意味。顺治八年（1651），将修缮后的明皇城南门承天门更名
为天安门；次年，又将明皇城的北门北安门改为地安门；加上沿用原名的东

1　〔清〕穆彰阿、潘锡恩等纂修：《大清一统志》，上海古籍出版社 2008 年版。

安门和西安门，取"天地、四方平安"之意。这种巧妙地更换概念的做法，既是一种经营城市的艺术，也体现了清早期的务实精神。

乾隆十九年（1754）还增建了东、西外三座门及围墙，从而使天安门东西两侧的建筑空间更加丰富。[1]

清政府这种务实的发展理念，既避免了大规模拆除重建造成的劳民伤财，又可使这些令其倾慕的城市艺术遗存继续为自己服务，也无形中为人类保存下了一尊完整的城市艺术作品。

永定门外的燕墩方形碑清晰地记述了大清帝国的治国方略。碑体南、北两面分别镌刻汉、满文对照的乾隆十八年（1753）《御制皇都篇》和《御制帝都篇》。碑文中，乾隆皇帝以益誉的文笔和恢宏的气度赞美了北京险要的地理形势和国泰民安的情景，充溢着对大清王朝的赞颂。《帝都篇》的中心思想是立都当以"险""德"兼顾，重在以"德"治国。他在开篇的"序言"中明确指出："王畿乃四方之本，居重驭轻，当以形势为要。则伊古以来建都之地，无如今之燕京矣。然在德不在险，则又巩金瓯之要道也。"[2] 这是他在诗篇中比较历朝古都及总结治国经验所得出的结论。乾隆帝在总结了清代一百多年的发展经验后认为，清朝能治理这个一千多万平方公里疆域的多民族国家，不是专靠据守北京这个战略要地，而是靠以德治国的"怀柔政策"，特别是对汉蒙回藏等各族人民实行了较为开明的民族政策，赢得了国内各族人民的忠心归顺。最后诗曰："我有嘉宾岁来集，无烦控御联欢情。金汤百二要在德，兢兢永勖其钦承"。[3] 表明了他对以德治国传统的尊承。

《皇都篇》则主要描述了北京的历史沿革及有清以来的兴盛景象，主要表现的是"居安思危"的治国理念。文中说，以北京为中心的古幽州地区上方有北斗七星之一的开阳星的照耀，所以自古就是九州之一的北方重镇，辽、金以来北京作为辽南京和金中都，成为北方少数民族入主中原的政治、

1　《国朝宫史》记："皇城重建于乾隆十九年，至二十五年工竣。又增筑长安左门外围墙一百五十五丈，长安右门外围墙一百六十七丈五尺一寸，各设三座门。"

2　乾隆：《御制帝都篇》，永定门外燕墩。

3　同上。

经济和文化重镇，以此建都比汉唐的长安更具有其优越性。元明清以来，这里成为全国的首都，清代国内政治稳定，京师富庶，市场繁荣，可谓如日中天。然而，乾隆皇帝在结尾处却笔锋一转："富乎盛矣日中央，是予所懼心彷徨。"[1] 意为：尽管政权牢固，富庶繁荣、如日中天，但作为帝王仍应心存警惕，有彷徨忧虑之心，表露出居安思危之心境。

《帝都篇》和《皇都篇》对了解清朝的治国思想具有重要的史料价值，通过解读也有助于我们深入理解清统治者对于传统城市文化的尊崇与独到的城市发展理念。

/ 自然观下的宏观艺术环境

在清朝的二百多年间，京师艺术环境的主要发展方向是开发西北郊的皇家园林，如：清漪园（万寿山颐和园）、静明园（玉泉山）、静宜园（香山）、圆明园和畅春园，统称"三山五园"。其中最具艺术成就和影响力的当属至今保存完好的颐和园和仅存遗址的圆明园。

西北郊的自然地形地貌以及与京城的空间关系使其具备了一种特殊的开发价值，同时燕山山脉也是北京城市景观的重要衬景，正是因为有了这道隽秀山峦的衬托，北京的城市景观才显得清丽壮美、层次丰富。清代文学家龚自珍的《说京师翠微山》从独特的视角描述了这座京西名山与都城的密切关系："翠微山者，有籍于朝，有闻于朝……山高可六七里，近京之山，此为高矣。不绝高，不敢绝高，以俯临京师也。不居正北，居西北，为伞盖，不为枕障也。出阜成门三十五里，不敢远京师也。"[2] 文中除描述西山美景外，更以幽默的语调形象地表述了山与城的关联，谓其不敢绝高，不敢远离，如卫士一样拱卫着京师。寥寥数语，自然形态与艺术感悟跃然而出。

清朝统治者热衷于京师西北郊的园林开发，无疑与其民族的自然观有一定关联，其城市环境艺术理念表现为不局限于京师旧城的一砖一瓦，而是更注重城市的宏观风范，致力于建构城市与周边大自然的交流与呼应，这也是

1　乾隆：《御制皇都篇》，永定门外燕墩。
2　〔清〕龚自珍：《说京师翠微山》，见《龚自珍全集》（第一辑），上海古籍出版社1975年版。

其民族自然观在城市环境艺术空间观念上的生动体现。

清代的宏观艺术理念还体现在博采众长和融贯中西方面。康熙二十三年（1684）和二十八年（1689），康熙皇帝曾两度南巡，回京后，即在明代清华园旧址上仿照其心仪的江南景观营造了畅春园。此后，清圣祖每年大部分时间便居此"避喧听政"，从此逐渐形成了极具清代特色的帝王园居理政的惯例。

清代帝王每年居于不同园囿中的时间大约占三分之二以上。如雍正、乾隆、嘉庆、道光等均长期居住在始建于康熙四十八年（1709）的圆明园内，不仅在此享受别样的生活，而且设"朝署值衙"，直接在园内处理朝政及举办各类大型活动，此处也因此成为仅次于紫禁城的政治活动中心。

雍正三年八月二十七日（1725），雍正皇帝首次驻跸圆明园即敕喻吏部和兵部："朕在圆明园与宫中无异，凡应办之事照常办理，尔等应奏者不可迟误。"可见当时圆明园政治地位之重要。

圆明园大宫门前东西两侧设六部朝房，为朝廷各衙属所在，二宫门内侧，是以正大光明殿为中心的一组布局严整的建筑群，皇帝按惯例在此朝会听政。

乾隆年间是圆明园营建的鼎盛时期，不仅工程规模大，营造水准高，而且还展现了清代帝王的艺术价值观。这座皇家园林与众不同之处在于它不仅兼容了中国南北园林的艺术设计手法，而且还引进了西洋建筑的艺术风格。园内东北隅的"西洋楼"是建于乾隆十二年（1747）的欧式建筑组群，其设计出自西洋教士兼宫廷画家郎世宁和意大利教士王致诚。据法国人格罗西记："圆明园中，有一特别区域，其中建筑宫殿，尽为欧式，乃先清帝依意大利教士及名画家郎世宁之计划所建筑者。神父蒋友仁施展才能，制造抽水机关，即为点缀此等宫殿，及其邻近之地面……藉蒋氏指导，制成之无数喷水机关中，吾人可见象'兽战'之形者、林中猎狗逐鹿之情景及水制之时钟。上文已述及中国一日为十二时辰，双倍我国之小时，华人并以十二种不同之动物表现之。神父蒋友仁异想天开，思欲聚此十二动物，于一欧式宫殿之前，位于一广阔三角形地之两边，形成一继续不断之时钟。此灵机特出之意念，竟得完成。此等兽类，轮流值班，口中喷水两小时，表现全日时间之区分。此喷出之水，按抛物线式，复注入池之中心"。[1]

这组西洋景区内的建筑包括"海晏堂""远瀛观""大水法""谐奇趣""黄花阵""养雀笼""方外观""五竹亭""线法山"等。这些以汉白玉为主要材质的建筑，以欧式风格为主，融合中西建筑艺术之精华，表现出独特的艺术创造力。如欧式建筑的立面及装饰与中国的庑殿顶、五彩琉璃瓦融汇为一体，呈现别具一格的建筑艺术风采。

对西方文化的开放态度，在乾隆万寿庆典的艺术设计上也有所反映。乾隆五十五年（1790），举国兴办盛况空前的乾隆皇帝八旬万寿庆典，据史料记载：乾隆皇帝八旬庆典分三处进行，七月初七日至二十三日在承德避暑山庄；二十四日回銮，三十日抵达圆明园，八月十三日由圆明园回宫。

图 6-14 乾隆皇帝八旬万寿庆典西洋点景

资料来源：图绘《八旬万寿盛典图》，见《八旬万寿盛典》（卷七十八至卷八十），武英殿套印本，清乾隆五十七年（1792）。

銮驾所经之处均搭建各式"点景建筑"，既有中式亭台楼阁，也有仿西洋的建筑景观（见图 6-14），无不精雕细琢、金碧辉煌。辇路所过之处，遇水设龙舟，逢山置宝塔，搭设彩棚、大小戏台无数，各地剧种齐集京城，连日不断献演各类喜庆剧目。

乾隆帝八月十三日由圆明园回宫的路线与当年康熙帝 60 岁万寿庆典时的路线大致相同，而在点景方面却有所变化：其一，康熙庆典的经坛大部分设在沿途寺庙，而乾隆庆典的经坛则设于交通路口；其二，康熙庆典的参与

---

1 M.L, Abbe Grosier, *De La China, Tome VI*, pp.340–353. 译文见《北平图书馆馆刊》第七卷，第三、四号，第 46 页。

者均为国内各界各省代表，而乾隆庆典的参与者国内外皆有，并专门设有国外使者的庆坛；其三，康熙庆典时的沿途点景均为国粹艺术，而乾隆庆典的沿线点景不仅设置了 21 组西洋建筑小品，戏台上也"演万国来朝剧"。

乾隆时期对不同民族、不同国家文化与艺术的这种兼容态度，极大地丰富了城市环境艺术的概念，有清一代，艺术自然观对城市设计理念的发展起到了积极的推动作用，从艺术层面拓展了城市设计思维。

咸丰年间，圆明园遭英法联军焚毁。至光绪朝，帝后园居理政的中心便转到了颐和园，颐和园的前身为建于乾隆时期的清漪园，乾隆帝即常在清漪园游玩与听政，当时的勤政殿与九卿朝房构成了园中的朝政部分。光绪重建后，将清漪园改称为颐和园，勤政殿更名为仁寿殿，以仁寿殿为中心的建筑组群依然是政治活动区，包括仁寿殿、殿前两侧的配殿、仁寿门外两侧的九卿朝房以及东宫门外的朝房。慈禧、光绪园居时经常在此处理朝政、接见大臣与外国使节，这里也成了清末京师的第二政治中心。

清末的颐和园还是慈禧太后的娱乐活动中心，其万寿庆典的主要朝贺典礼即设在仁寿殿，东宫门、倚虹堂宫门、锡庆门、仁寿殿等处都要搭建彩棚、彩殿。（见图 6-15）

现仍存有样式雷为仁寿殿前搭建"万寿千秋筵宴彩棚"而绘制的 15 张画样。据《万寿千秋筵宴彩棚地盘画样》中注："彩棚一座，面宽十一丈四尺五寸，进深三丈一尺，柱高三丈三尺。前接平台一座，五间通面宽七丈一尺五寸，进深二丈六尺，柱高二丈六尺，柱脚下安套顶石。拟将龙凤灶缸陈

图 6-15　慈禧万寿庆典倚虹堂宫门前支搭彩殿正面立样（国家图书馆藏）

设安设地平板上"。[1] 彩色绘制的《万寿千秋筵宴彩棚正面立样》上也注有："殿式彩棚上成做万福万寿花样。彩殿天花用五色稠成做。天花上安设彩做云蝠。四角中安五龙捧寿。天景做成寿字栏杆。活安玻璃隔扇、福寿玻璃隔扇"。[2]

为保证万寿庆典场面隆重豪华，慈禧本人亲自参与其六十大寿的筹备事宜，并对庆典的"扎彩点景"设计极为关注。当时的《万寿点景画稿》详细描绘了从颐和园到西华门数十里路上用彩绸搭建的彩棚、戏台、牌楼、经坛及各种楼阁等六十多处点景建筑。现存于故宫的庆典六十段点景画稿真实地记录了当年慈禧庆寿活动的庞大计划，从颐和园到西华门沿途共搭建龙棚 18 座，彩棚、灯棚、松棚 15 座，警棚 48 座，戏台 22 座，经坛 16 座，经楼 4 座，灯楼 2 座，点景 46 座，音乐楼 47 对，灯廊 120 段，灯彩影壁 17 座，牌楼 110 座（后因甲午战争爆发，部分扎彩点景项目未实施）。

由于前方战事吃紧，军费开支告急，朝中一些官员纷纷呼吁停建寿典工程项目，将银两用于军务。户部尚书翁同龢在奏折中历陈户部筹款之艰难，婉转谏言停止兴建"以后寻常工程，其业经兴办之工毋庸停止"（《翁同龢日记》）。而御史吴兆泰则是直言奏请停建颐和园及辇路沿途的点景工程。

慈禧迫于战事、财力及舆论等诸方面的压力，被迫撤销了原定在颐和园的受贺活动，同时下令取消《万寿点景画稿》中设计的从颐和园到紫禁城沿途的"扎彩点景工程"。光绪二十年八月二十六日上谕："讵意自六月后，倭人肇衅，变乱藩封，寻复毁我舟船，不得已兴师致讨。刻下干戈未戢，征调频繁，两国生灵均罹锋镝，每一思及悯悼何穷……予亦何心侈耳目之观受台莱之祝耶？所有庆辰与礼著仍在宫中举行，其颐和园受贺事宜即行停办。"而此时，大部分"点景工程"已动工一年多，颐和园搭建彩棚 98 间，万寿寺搭建彩棚 55 间，物料已消耗过半，巨大的浪费已无法避免。

尽管慈禧被迫取消了颐和园的受贺典礼，并将其改在紫禁城内举行，但从最初受贺地点的选择已很明显地表露出颐和园在她心中的位置。晚年的慈

1　样式雷：《万寿千秋筵宴彩棚地盘画样》，文字注释。

2　同上。

禧太后行事做派处处喜欢模仿乾隆，万寿庆典自然更要以"乾隆年间历届盛典崇隆垂为成宪"。谓之："以昭敬慎，而壮观瞻"。可见乾隆的自然观艺术理念对后世影响之大。

清代帝王热衷于自然山水之道的根源之一还在于儒家"君子比德"的美学思想，以山水之性对应君子品德，"水"成为具备仁义礼智的完美君子人格的象征；而"山"的品质则成为帝王仁德的象征，"智者""仁者"自然也就成为帝王的形象。这在乾隆《御制帝都篇》以"德"治国的思想中有所印证。

本章小结

本章以北京不同历史时期的城市设计理念诠释了城市艺术化的设计思想。

元大都是有史以来第一次最近似地体现《周礼·考工记》营国制度的都城，充分体现了儒家以"中和""礼制"为内涵的特定美学观，是将传统理念融于城市规划设计的艺术典范。当我们从艺术的视角读回原点，这份珍贵的历史遗存仍不失为今天研究城市艺术化课题的经典。

明北京城延续了元大都城的基本格局，并根据时代发展的需要对城市进行整饬及改建，整个城市的设计思想更趋向于体现等级规制和艺术性。明代的城市建设是在继承传统的基础上不断开创新的艺术形制，建构了北京城的基本模式。

清代对明北京城持一种务实的发展理念，不仅继承了优秀的城市传统艺术，而且在延续发展中博采众长、融贯中西，体现出理性、开放的城市发展观。特别是清代的大规模造园运动，形成了独特的城市自然观与艺术设计理念，并通过园林艺术诠释了山水与城市的新型艺术关系，在山水浸入城市文化的同时也使城市拥有了与大自然的意境关联。

应该说，城市艺术化是历史演进中的文化现象，各个历史时期的设计印痕在城市中不断叠加、融合、集聚，体现出城市特有的动态发展特征，因

此，城市环境的发展总是伴随着设计层面的推陈出新。（见图 6-16）

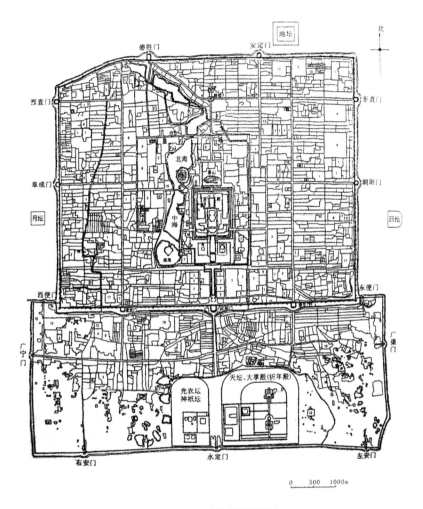

图 6-16　明清北京城平面图

资料来源：张驭寰，《中国城池史》，百花文艺出版社 2003 年版。

第七章 "城市艺境"的审美意义及设计属性

"城市园林艺境"对城市设计属性的诠释

"艺境"既是一个传统美学概念，也是新时期城市艺术理论研究和设计实践的重要课题。

城市艺境既是园林艺术的产物，又是社会发展的产物，城市园林意境伴随着城市的发展而产生，都城的园艺还融入浓郁的皇家意识，历代君王热衷于城市园囿的建设，除出于审美需求外，更注重的还是城市园林意境对皇权稳固及帝国强盛繁荣的象征意义。宋代学者李格非在《洛阳名园记》中曾提到城市园林与政治兴衰的关系。洛阳城在战乱中"池塘竹树，兵车蹂躏，废而为丘墟；高亭大榭，烟火焚燎，化而为灰烬，与唐共灭而俱亡者，无于处矣"。予故尝曰："园囿之兴废，洛阳盛衰之候也"。[1] 他认为城市园林艺境的状况直接反映着一个城市乃至国家的盛衰。

皇家府邸与自然景观结合的建设模式在汉代时就已开启，如汉武帝时期于长安城西侧增建的建章宫，即以"太液池"水景造就了长安城壮丽的皇家城市景观。而元大都城将宫殿建筑与自然园林景观在城市核心区有机结合的艺术构思则是产生于整个城市的规划阶段，这种在园林理念指导下对城市空间艺境的设计无疑具有不凡的意义。

---

1 〔宋〕李格非撰：《洛阳名园记》。

　　城市园林在古都洛阳一直被作为城市规划的一个主要特征，东汉时皇室及贵族富户即热衷城市园林的营建。此后曹魏、魏晋相继在此建都，城市园林及私家园囿仍然是城市政治、文化和生活的重要组成部分。北魏时，洛阳成为北方的政治和文化中心，城市及私家园林依然兴盛，杨衒之所著《洛阳伽蓝记》载："于是帝族王侯，外戚公主，擅山海之富，居川林之饶。争修园宅，互相夸竞。崇门丰室，洞户连房，飞馆生风，重楼起雾。高台芳榭，家家而筑；花林曲池，园园而有。莫不桃李夏绿，竹柏冬青"。[1] 此时的城市园林不仅随着社会与艺术的发展更加普遍，也更加注重对空间艺境的追求。

　　在城市空间环境中，园林艺术理念主要表现在布局的变换、空间的流动以及建筑与环境的交融，城市空间的流动感与传统园林空间的相似之处在于都需要人的参与，这种布局的变换性和空间的流动感都是人的审美活动得到的结果。城市空间与传统园林空间的艺境皆来自于空间组合、空间对比、空间层次、空间过渡、空间交融及空间转化等融视觉和心理感受于一体的美感。宗白华认为：我们空间意识的象征不同于埃及的直线甬道和希腊的立体雕像，也非近代欧洲的无尽空间，而是"漾洄委曲，绸缪往复"。由时间引领空间，成就其节奏化与音乐化的"时空一体"。北京城市空间体现的正是庄严雄伟、飘逸阔达、韵律悠远、曲折幽深及闲适宁静的艺术境界。

　　北京的"城市艺境"体现了传统园林空间的艺术理念，从艺术层面来看，城市艺境与园林艺境有着紧密的关联，这种联系主要表现为城市布局生成的空间艺术特征。北京城在策划伊始即首先确立了宏观的大园林理念，选址者胸怀天地，"凡立国都，非于大山之下，必于广川之上。高毋近旱，而水用足；下毋近水，而沟防省。因天材，就地利"。[2] 这一观念表述了中国古代都城选址的自然艺术法则。而"左环沧海，右拥太行，北枕居庸，南襟河济"[3] 的宏观布局则体现出北京建都的大环境意境。

　　作为都城，北京在城市规划时，城市园林艺术化就已成为其空间设计取

1　〔魏〕杨衒之：《洛阳伽蓝记校释》，周祖谟校译，中华书局 2010 年版。

2　《管子·乘马第五》。

3　〔北宋〕范镇：《幽州赋》。

向，刘秉忠主持的元大都工程按传统营建理念进行规划设计，城市平面格局遵循轴线对称的原则，布局严谨，规模宏大。但又不拘泥于历史典籍，根据宫城、皇城与水系的形态关系，有机地进行城市格局的调整，在城市肌理较为平缓的情况下，引入中国传统园林的艺术理念，注重对城市平面布局的经营，注重人与城市环境的互动，引导人对城市环境意义的主观感受，从而营造出城市的大园林意境。

琼华岛及太液池（包括今南海、中海、北海）是城市园林的核心景区，宫殿建筑分置两岸（东岸建宫城，西岸有隆福宫、兴圣宫、太子宫），琼楼玉宇映于水中，意境优雅别致。宫城西侧的万岁山（琼华岛）是全城的制高点，山上原有广寒宫，后增建了仁智殿、荷叶殿、方壶亭、瀛洲亭等。山间置有奇石、绿植，山顶有石龙喷泉，《辍耕录》曰："山皆叠玲珑石为之，峰峦隐映，松桧隆郁，秀若天成。"[1] 可见极尽传统园林艺境之美。

当初元大都的设计者在追求园林意境的同时不忘游牧民族特有的亲近自然的习性，在北门至后载红门之间特意留有大片的自然生态区域作为皇家御苑，并在此处豢养各类飞禽走兽，称为"灵圃"，体现了具有蒙古族特色的城市园林思想。

对城市艺境的追求实际是一种自然观的体现，在元大都城设计中对自然水域和自然生态区（"灵圃"）的亲和态度鲜明地表述了北方游牧民族的自然观与生活习性。从平面布局看，大都的皇城在城南部中轴线偏西，但这也正是缘于完善城市园林整体规划的需要。规划者将水域置于城市核心地带，使城市围绕园林景区建设，反映出元大都建设者追求城市园林艺境的设计思想。

工部郎中萧洵在《故宫遗录》中形象地记录了元大都的城市园林意境："门阙楼台殿宇之美丽深邃，阑槛琐窗屏障之流辉，园圃奇花异卉峰石之罗列，高下曲折，以至广寒秘密之所，莫不详具。"[2] "虽天上之清都，海上之蓬

1　〔元〕陶宗仪：《辍耕录》（卷二一）。

2　〔元〕萧洵：《故宫遗录》（序）。

莱，尤不足以喻其境也。"[1]

北京城的选址与规划不仅以太液池为核心，同时为将高梁河水系的天然湖泊更多地纳入城中，遂以上游的积水潭最东段为中心基点（即今"万宁桥"，俗称"后门桥"，元明称"海子桥"），以西能囊括积水潭的距离作为确定大都城东、西城墙的半径。从西北流向东南的积水潭（海子，包括今西海、后海、前海），与太液池北部（今北海）相接。在为城内的水路运输创造条件的同时，设计者还从艺术设计的视角为这座城市巧妙地营造了一个风景怡人、生态良好的水域景观，使这座硬朗的北方城池融入了一缕亲近自然的柔美，元大都园林艺境的设计是城市功能与艺术结合的典范。

一位来华参观的英国建筑大师，在北京金鳌玉蝀桥上看到南北两面开阔、平静的水面，赞赏不已，认为中国人能在这样一个对称式的城市里，设计出这样一个不对称的海，真是难以想象，其规划思想、手法，堪称大胆。

瑞典美学家奥斯伍尔德·喜仁龙则将中国园林视为"艺术品"，认为其"展现的是出于亲近自然而非出自布局与形式安排的艺术理念"。

北京的城市艺境集合了中国都城设计和园林设计的精髓，著名的"燕京八景"是对这种艺境的最好诠释，无论大八景的"琼岛春阴、居庸叠翠、金台夕照、太液秋风、玉泉趵突、卢沟晓月、西山晴雪、蓟门烟树"，还是小八景的"东郊时雨、南囿秋风、银锭观山、西便群羊、燕社鸣秋、长安观塔、回光返照、西直折柳"等，都体现了城市文化和园林艺术的有机结合，二者互融、互浸，其艺境思想早已突破了城市和园林的传统观念，生成了一个涵盖城市和园林的"大艺境"概念。

西方视角下中国"艺境"的审美意义

十八世纪中叶，"中国风尚"曾盛行欧洲，不仅在建筑、服饰、日常用品等方面"中国元素"广泛流行，园林艺术对欧洲的空间艺境设计也产生了

---

1 〔元〕萧洵：《故宫遗录》（序）。

图 7-1   2009 年，英国为纪念邱园落成 250 周年发行了一枚面值 50 便士的纪念币，正面是伊丽莎白女王肖像，背面为邱园中国式宝塔图案

很大程度的影响。中国园林艺术理念对于欧洲的意义主要在于开辟了一个新的审美空间，生活环境的不同、价值观与习俗的不同并没有阻碍人们对艺术的向往。

欧洲对中国园林艺境的认识以及中西方空间艺境层面的交流，主要得益于十八世纪前后来到中国的西方传教士，这些传教士既把欧洲艺术带到了中国，也将令其无比赞赏的中国艺术传播到了欧洲。

德国学者利奇温研究了从十七世纪到十八世纪西方对中国园林艺术认识的转变，并在其著作《十八世纪中国与欧洲文化的接触》一书中通过对法国传教士李明和王致诚的比较，对这一转变现象进行了分析。

李明本来是笃信法国旧有传统的人，他去国之际，正是路易十四式风格发展到登峰造极的时候，他在我们前面已经提到过的他的著作中，对于中国宫殿，作过下列评述："总的看来，表现出一种庄严伟大，不愧为王者之宫。但中国人对于一般艺术所抱的观念往往是不完美的，因之即使在这种作品中，也造成了某种严重的缺点。宫中建筑各部分前后对称；在装饰方面不甚整齐；人们看不到那种我们宫殿所具有的悦目宽适的特点的和谐安排。此外，到处都有一种在欧洲人看来感到不快的不成式样之处，对于良好的建筑具有感情的人，也一定会感到很难过的"。

在另一方面，五十年后，王致诚神甫在他的一封在欧洲非常流传的缄札中，对于同一北京圆明园，表示一种正恰恰相反的判断："此地各物，无论在设计和施工方面，都浑伟和真正美丽。因为我的眼睛从来不曾看到过任何与它相类的东西，因此也就使我……中国人在建筑方面所表现的千变万化，复杂多端，我唯有佩服他们的天才弘富。我们和他们比较起来，我不由不相信，我们是又贫乏，又缺乏生气。"在下面一段文字中，他甚至更明确地陈述了他的观感："就我们说来，什么地方都需要划一和对称。不许有独立自在的东西；如果有一点超出规定位置，就不能容忍；每一部分必须与其他面的相应部分保持对称。"……所有他那个时代的人，除了保守派以外，都是只用画意为标准，而不是用已有的成规来评判一切艺术（也包括建筑在内）。中国的建筑，给人一种画意的感觉。中国人在建筑方面的创作是以作为景物的一部分而提出的，是

图 7-2　为纪念邱园落成250周年，英国皇家邮政2009 年 5 月 19 日发行纪念邮票及明信片。

对中国自然美景的补充，对这种美景，王致诚觉得无法描摹，只能说："只有用眼睛看，才能领略它的真实内容。"[1]

同样为中国宫廷服务，李明与王致诚对中国园艺、建筑的不同认识不只是因为前后 50 年的时间差异，主要还在于对中国文化了解的深入程度和对中国艺术精神的理解与接受。

王致诚于 1738 年来到中国，曾与郎世宁、安德义、艾启蒙一起被称为

1　〔德〕利奇温：《十八世纪中国与欧洲文化的接触》，朱杰勤译，商务印书馆 1962 年版，第 48 页。

图 7-3　邱园中国塔 纪念邮票

资料来源：英国皇家邮政于 2009 年 5 月 19 日发行的纪念邱园落成 250 周年的邮票。

图 7-4　落成于 1762 年的伦敦邱园中国式宝塔

资料来源：徐春昕，《伦敦邱园——遗产中的园艺传统》，载《中国国家地理》，2006 年第 5 期。摄影：Patrick Ward。

"四洋画家"，在为宫廷作画期间，有幸参与了圆明园四十景图的绘制。乾隆十二年（1747）又与郎世宁、蒋友仁等共同负责长春园内欧式园林建筑群（俗称"西洋楼"）的设计监造工作。与中国园林的近距离接触使王致诚对其有了深入了解的机会，也最终为中国园林的精妙艺境所折服。他在给达索（M.d'Assaut）的信札中详细地描述了圆明园的布局、建筑以及艺术特色，字里行间充满赞美之词：

说实话，我很喜欢中国的建筑艺术。自从我来到中国以后，我的目光，我的趣味都有点中国化了。……我们欧洲到处都喜欢一体和对称，我们不喜欢七零八碎，东西分散，某一部分总和它对面的或背后的那部分相同。中国人也喜欢漂亮整齐的对称。我在本信开头提到的北京紫禁城布局就是对称的。皇亲国戚、大臣们以及有钱人家的住宅都是遵照对称原则的。……但是，别宫的各幢房屋几乎都有某种优美的不规则，不对称，一切都围绕着如下的原则：要呈现出天然的、粗犷的、宁静的乡下景象，而不是循规蹈矩地按照对称的规则设计的宫殿。皇帝的逍遥宫范围内的一座座小宫殿相隔甚远，我从未看到它们

之间任何相似之处。可以说每一座小宫殿都是根据某一种我们陌生的模

式或思想建筑的，一切都是即兴而就，各部分都不对称。初听说逍遥宫这些小宫殿时都以为一定很糟糕，但是一旦身临其境，想法就不同了，就会对这种不规则的艺术美赞叹不已。它们情趣高雅，各个方位的视野都非常优美，必须耐心地逐一去进行观赏，简直令人流连忘返。[1]

从信札的内容来看，王致诚对中国园林的激赏完全是艺境层面的，充裕的时间和便利的条件使他深刻感受到了中国园林艺境的魅力，在这里，他发现了一个全新的审美空间。由于有着西方画家和中国宫廷画家的双重身份，他对中国园林艺术的介绍显然更具专业性和说服力，关于中西方的对比也较为客观，他的介绍和评价无疑对推动欧洲认识和理解中国艺术起到了重要作用。

可以说，王致诚对圆明园的感悟也是对中国艺术理念的感悟，他向西方传播的实际是一种中国的艺术设计思想。他在将中国古典造园艺术"追求自然"的理念与欧洲古典园林的理性精神进行比较后，形象地描述了中国的园林意境，"道路是蜿蜒曲折的……不同于欧洲的那种笔直的美丽的林荫道"，"水渠富有野趣，两岸天然石块，或进或退"，而且"美丽的池岸变化无穷，没有一处地方与别处相同"，完全"不同于欧洲的用方正的石头按墨线砌成的边岸"。[2]并且指出"几乎处处喜欢美丽的无秩序，喜欢不对称"，与欧洲的"处处喜欢统一和对称"截然相反。

王致诚介绍和描述圆明园的书信在欧洲影响深远，以至其在 1749 年和 1752 年两度出版。[3]

另一位接受中国艺术设计思想并且在欧洲进行传播的是英国建筑师钱伯斯（William Chambers），1742 年至 1744 年在中国工作的两年中，他研究了中国的造园艺术和建筑艺术，并产生了浓厚的兴趣，这些甚至对他几年后弃

---

1 转引自张恩荫、杨来运：《西方人眼中的圆明园》，对外经济贸易大学出版社 2000 年版，第 32—33 页。
2 转引自陈志华：《中国造园艺术在欧洲的影响》，山东画报出版社 2006 年版，第 55—56 页。
3 王致诚有关圆明园的信汇，编于《传教士书简》内，1749 年英译本出版，1752 年又以《中国第一园林特写》为书名再次出版。

商学艺有着一定的影响。

　　钱伯斯对中国园林空间艺境的推崇和赞赏也是建立在对其深刻理解基础之上的，他认为，"造园作为一种艺术，绝不能只限于模仿自然。"园林的艺术魅力应源于自然，高于自然。在他看来，中国园林就是"明智地调和艺术和自然，取双方长处"的设计典范。"大自然是他们的仿效对象，他们的目的是模仿它的一切美丽的无规则性。"[1] 这句话表述了钱伯斯从设计本质上对中国园林艺术理念的理解。在钱伯斯眼中，"布置中国式园林的艺术是极其困难的，对于智能平平的人来说几乎是完全办不到的。……它的实践要求天才、鉴赏力和经验，要求很强的想象力和对人类心灵的全面的知识；这些方法不遵循任何一种固定的规则，而是随着创造性的作品中每一种不同的布局而有不同的变化。"[2]

　　中国园林艺境以其"美丽的无规则性"在钱伯斯心目中赢得了很高的地位，因而，他在介绍中国园林时强调："在中国，造园是一种专门的职业，需要广博的才能，只有很少的人才能达到化境"。[3] 钱伯斯十分注重对中国造园理论的研究，他于 1757 年出版了《中国建筑、家具、服装和器物的设计》一书；同年还发表了题为《中国园林的布局艺术》的文章；1763 年出版了《邱园园林与建筑的规划、正视图、剖面图与远景》；1772 年又出版了《东方造园艺术论》。比起西方的传教士和游客，身为建筑师的钱伯斯对中国园林的评价和分析更具有专业色彩。他不仅在理论研究方面颇有建树，在实践中也积极运用中国园林建筑语言进行设计，其主持设计的邱园[4] 中就有中式的塔、凉亭、拱桥、楼阁等，在英国城市环境中形象地展现了中国园林建筑和空间艺境的艺术特色。

　　但钱伯斯对中国园林艺术也持有一定的保留态度，他认为由于气候和建

1　William Chambers, *Designs of Chinese Buildings, Furniture, Dresses, Machines, and Utensils*, London: MDCCLVII, 1757.
2　转引自陈志华：《中国造园艺术在欧洲的影响》，山东画报出版社 2006 年版，第 67—68 页。
3　同上。
4　邱园位于英国伦敦西南部，泰晤士河南岸，始建于 1759 年，原为英皇乔治三世的皇太后奥格斯汀（Augustene）公主的私人植物园。

筑风格的差异，中国园林艺境并不完全适合欧洲，但在一些大尺度的园林和次要的建筑上还是可以借鉴的，对于中国园林艺术钱伯斯持一种赞赏而又审慎的折中主义态度。

法国文学家雨果对中国园林艺术也极为赞赏，他在《致巴特力尔上将》中感叹道："民众的想象力所能创造的一切几乎是神话性的东西，都体现在这座宫苑中……希腊有雅典女神庙，埃及有金字塔，罗马有斗兽场，巴黎有圣母院，东方则有夏宫（西方人称圆明园为 Summer Palace）。谁没有亲眼目睹它，那就发挥幻想吧，这是一个令人震惊、无可比拟的杰作。"

中国式的艺境使许多西方国家产生极大的兴趣，中式风范甚至成为品位与地位的象征，而推动"东风西渐"的无疑就是艺术本身。"任何一位真正钟爱艺术的人，任何一位建筑师，都不可能对世界上一种非常独特的建筑样式视而不见，无动于衷。……中国建筑的形式的美值得我们注意。"[1]在对中国环境艺术的研究中，钱伯斯注重发掘空间艺境之美，十八世纪影响欧洲城市设计文化的也正是这种中国式的艺境。欧洲对于中国艺术的接纳态度体现了艺术特有的融通性，同时也使我们得以通过不同的视角重新审视"艺境"的广泛意义。

"城市色彩艺境"对城市设计属性的诠释

/ 城市色彩艺境研究的意义

城市色彩艺境是城市艺术设计涵盖的重要内容之一，人们对一座城市最直接、最感性的认识就是其整体色彩特征。作为城市重要的视觉元素，色彩几乎集合了城市所有的要素，这些组合构成了一个总体的城市色彩体系，继而生成一座城市特有的色彩艺境。

早在十九世纪初，意大利都灵市就对城市建筑、街道和广场进行了整体色彩设计，通往市中心广场（Piazza）的街道根据环境需要由 8 种颜色构成，

---

1 转引自周宁：《异想天开：西洋镜里看中国》，南京大学出版社 2007 年版，第 115 页。

营造出丰富、悦目的城市色彩艺境。这些驰声欧洲的"彩色道路"以其新颖的色彩设计理念积极地推动了欧洲现代城市色彩设计的发展。

二十世纪七十年代初，日本从欧洲引进城市色彩设计理念，在对东京进行全面的色彩调查后，拟定了《东京城市色彩规划》。此后，京都、大阪等很多城市都开始对城市色彩予以艺术化的管理。1970 年横滨市举办了第一届"城市设计研讨会"；同年，宫崎县出台"关于建立（与自然谐调的）色彩标准的研究"；1981 年日本建设省以立法的形式提出了"城市空间色彩规划"的法案；1995 年，大阪市政计划局与日本色彩研究所共同制定了《大阪市色彩景观计划手册》；1998 年，日本京都成立了"公共色彩研究课题组"，调研公共色彩应用现状，为城市环境法规的制定提供参考依据。

2005 年 5 月，第 10 届国际色彩协会会议（AIC05）在西班牙南部城市格拉纳达举行，与会者提出并讨论了有关"城市色彩价值"的问题。城市色彩设计在世界城市发展进程中越来越受到重视。

2000 年 8 月，为配合北京申办奥林匹克运动会，北京市政府召开了以城市色彩设计为主题的研讨会。与会代表围绕首都的城市色彩问题进行讨论，并提出了很多具有建设性的意见。为了有效地开展城市建筑物的色彩设计和装饰工作，北京市还成立了包括城市色彩、建筑、环境艺术等方面专家的专家组，负责为北京市的城市色彩问题把关。在北京市政府、专家组及广大市民的积极参与和努力下，北京城市建筑外立面的色彩原则最终定位于"以灰色调为本的复合色"，以此为色彩意境，"创造稳重、大气、素雅、和谐的城市环境"。

2004 年 5 月，中国流行色协会举办以奥运为主题的"色彩与奥运"高端研讨会。原中央工艺美术学院院长常莎娜教授、中国美术学院副院长宋建明等一些专家从专业的角度对城市色彩与奥运的关系发表了独特的见解。北京服装学院崔唯教授在《用城市色彩来体现"新北京"和"人文奥运"的精神内涵——关于奥运到来之前北京城市色彩规划与建设的基本构想》的主题演讲中提出了关于北京未来建设的三个构想方案：

其一，继续实施北京市政府于2000年颁布的《北京市建筑物外立面保持整洁管理规定》，北京城市建筑物外立面粉饰主要选择以灰色调为本的复合色；

其二，运用类似法国巴黎城市色彩设计的单一色调模式，以北京的传统色彩文脉——"青砖青瓦青石"为基调进行城市的整体环境色彩建设；

其三，学习东京用不同色调划分城市功能的做法。例如，以北京五环为城市色彩区域划分的基础，在不同的环区内实施其特定的色调，这种城市色彩规划可以从艺术视角提出多种方案。其中"五色北京"的规划概念，色彩灵感来自于传统的"阴阳五色学说"。具体思路为："二环路以内中心区域保持北京传统的灰色调，它代表'阴阳五色'中的'黑'；二环路至三环路以内区域为灰黄橙色调，代表'五色'中的'黄色'；三环路至四环路以内区域为青绿色调，象征'五色'中的'青色'；四环路至五环路以内区域为砖红色调，代表'五色'中的'红色'；而五

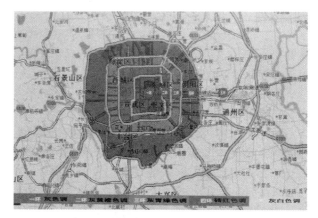

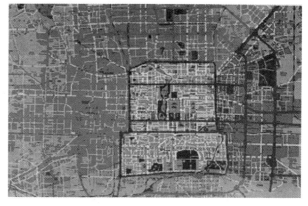

图7-5 五色北京构想图

资料来源：崔唯，《城市环境色彩规划与设计》，中国建筑工业出版社2006年版。

环路区域以外为灰白色调，寓意'五色'中的'白色'。"[1]

2006年7月，在《北京市重点大街重点地区环境建设概念规划方案》中，以"五色北京"概念为基础的"五色之都"深化设计方案获得通过。其基本构想是以象征老城区地域轮廓的二环路为界，构成"内灰外彩"的北京城市色彩艺境。（见图7-5）

在设计实践中，城市色彩艺境设计所涉及的内容早已超出色彩学的范畴，成为"广义设计学"中的一项内容。从广义城市设计的视角看，城市色彩艺境与历史学、美学、环境学、文化学、社会学、民族学、地理学、风俗学及心理学等方面都有着密不可分的关联。可以说，城市色彩艺境设计是一项跨学科的"系统工程"。

/ 不同地域风情的城市色彩艺境

一个城市的色彩艺境是其艺术特色、文化性格、地域风情等方面的综合展现，是客观物质因素与人的主观意识共同构成的产物，在不同地域风情与环境文化影响下，城市展现出的是色彩艺境的多样性魅力。

1. 北京——黄、红、灰的古都色彩艺境

北京的城市色彩具有独特的艺术特征，它以一种极具艺术表现力的色彩构成形式将封建统治者的心理需求与城市特性表现得形象而贴切。

北京自建城伊始即以灰色为主调，形成了一个城市独有的环境色彩艺境，城市的色彩布局体现了这座都城的特殊伦理秩序和建筑规则，城垣内遍布的灰色调（灰瓦、灰砖的民居）对城中心的黄色和红色（黄色琉璃瓦、红色墙面）元素形成围合态势，含蓄、低调的灰色烘托着明亮、高调的黄、红两色，整个城市色彩主从明确、寓意深邃。北京的城市色彩布局是世界城市史上人文因素与艺术设计结合的成功典范。从色彩的主观因素来看，黄色代表皇家的尊贵，红色代表政权的兴旺，而与之形成对比的是象征臣民百姓的

灰色，这种表现等级制度的色彩设计，无疑是儒家以"礼制及其形式为美"观念的一种基于视觉的表达方式。而从色彩艺术的客观因素看，则集合了气候条件、地域环境、建筑材料等元素的特性。（见图7-6、图7-7）

图7-6　北京旧城鸟瞰图（2010年）

黄色是备受中华民族推崇的颜色，具有尊贵、吉祥的含意，由于黄色一直是皇室的象征，因而在传统封建社会中被视为至尊之色，《汉书·律历志》："黄者，中之色，君之服也"。皇帝的龙袍、皇冠、宝座、御前侍卫服饰、旛旗等象征皇权之物，以及皇室建筑的屋面、琉璃构件、室内装饰等无不以黄色为主。

黄缘于土地之色，有以土为"本"之意，《说文解字》："黄，地之色也。"《考工记·画缋之事》："地谓之黄。"《淮南子·天文

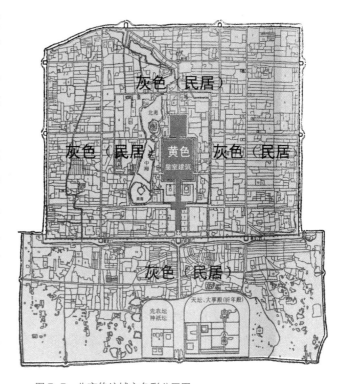

图7-7　北京传统城市色彩分区图

资料来源：作者以张驭寰《中国城池史》（百花文艺出版社2003年版），明清北京城平面图为基础绘制。

训》："黄色，土德之色。"每一个强大的文化都存在主客观相对统一的中心，客观的必然性和存在性形成了主观的自觉和自尊。在"以土为本"的客观黄色形态下，继而形成主观黄色的"中央""中和"的精神内涵，《论衡·验符篇》："黄为土色，位在中央。"《左传·昭公十二年》："黄，中之色也。"《白虎通·号篇》："黄者，中和之色，自然之性，万世不易。"

学者张光直则以"核心区域"[1] 理论解释黄色崇尚的历史文化渊源。认为代表中国远古文化核心之一的炎黄族居于西北黄土高原，自认身居天地中央，一切以我为中心，黄土神也被奉为"中央之神"。炎黄子孙生活的黄土高原已成为中华文化的重要组成部分。黄色作为其文化之中具有代表性的元素之一，以其色彩特征占据了至尊的地位，并逐渐演化为帝王之色，以至中国古代文明曾被西方人称为"黄色文明"。

黄色的"中和"精神契合了儒家对美（艺术）的定义，成为以"中和"为特定实质确定的城市色彩。

红色同样是中华民族喜爱的颜色，有研究认为，中华民族的红色情节可能缘于对祖先炎帝的崇拜。炎帝以火得名，因而又称赤帝。《说文解字》："绛，大赤也。"段玉裁注："大赤者，今俗所谓大红也。"对火的崇拜始于原始社会，火被视为人类生命的象征，随着火成为火神和太阳神的化身，火崇拜也逐渐演化为对红色的尊崇。

日本环境色彩专家永田泰弘和吉田慎悟曾由衷地赞叹北京紫禁城的建筑色彩："用色如此大胆、鲜明，却又与周围的灰墙如此和谐，可见中国人早就具有了相当水平的色彩规划能力。"

在以建筑构成围合态势的城市中，类似于北京这种主观意向鲜明的城市色彩构成案例极为少见。法国巴黎卢浮宫建筑群的色彩与城市的整体色彩协调融合，并没有出现皇宫与民居的强烈色彩对比；法国阿维尼翁的教皇宫地处城市中心，但这座教皇的居所除建筑规制大于民居，其屋面与墙体的色彩皆与四周围合的民居建筑高度谐调；捷克霍尔绍夫斯基廷主教宫的建筑色彩

1　张光直：《华北农业村落生活的确定与中原文化黎明》，见台湾"中央研究院"历史语言研究所集刊编辑委员会编：《历史语言研究所集刊》（第四十一本），台湾商务印书馆 1970 年版。

图 7-8 巴黎市区鸟瞰图

资料来源:〔意〕古伊多·巴罗西奥,《高飞丛书·欧洲》,王兰军、方智译,中国铁道出版社2011年版。

也与周边围合的民居建筑色彩和谐统一。(见图7-8、图7-9、图7-10)

从城市色彩的比较来看,欧洲更注重城市色彩的整体统一性,等级的划分主要表现在建筑的尺度和装饰方面,并不依赖于色彩。而中国传统都市则更注重以色彩为设计手段,但色彩在中国传统都市中不携带任何自身范畴的客观意义,其所表现的仅是传统礼制,可以说,色彩是通过其所代表的等级规制来体现其深层的美学意义的。

图 7-9 法国阿维尼翁

资料来源:〔意〕古伊多·巴罗西奥,《高飞丛书·欧洲》,王兰军、方智译,中国铁道出版社2011年版。

图 7-10   捷克霍尔绍夫斯基廷

资料来源:〔意〕古伊多·巴罗西奥,《高飞丛书·欧洲》,王兰军、方智译,中国铁道出版社 2011 年版。

2. 苏州——黑、白、灰的水乡色彩艺境

自古以来,苏州的城市色彩始终延续着黑、白、灰的基调,绵延的黛瓦、醒目的白墙、优雅的灰砖构成了这座城市的主要色彩特征。1992 年,苏州首先确立了保护古城与开发新城并举的城市发展战略。2002 年又投资 40 亿对古城环境进行保护性建设。这些举措使苏州的传统城市色彩得到了有效的保护,无论老建筑的修复还是新建筑的设计皆以黑、白、灰为色彩基调,有效地延续了这座江南古城传统的水乡艺术风貌。(见图 7-11)

图 7-11   苏州城区图   蔡青摄

苏州的城市色彩无疑是其城市风貌最重要的艺术元素之一,在这里,色彩的视觉效果得到了最大的发挥,由于将城市色彩明确定位于传统的黑、白、灰三色,并在住宅、公共建筑、城市设施等方面坚定地执行这一设计原则,因而使苏州成为了国内城市中继承发展传统城市色彩最有成效的典范。

苏州在城市色彩方面的成功经验对其辖区内乡镇建设及房地产开发建设也产生了积极的影响,以黑、白、灰为色彩基调的各类建筑物随处可见,很多村镇不仅注重保护古村落的传统色彩风貌,新的建筑物也都纳入黑、白、灰的色彩系统,从而在一个较大的区域内形成了宏观的地域色彩风貌。

苏州不仅在城市环境色彩发展理念上完成了自身的艺术诉求,对于中国其他历史城市的环境色彩建设也具有重要的参考价值。

2004年联合国教科文组织第28届世界遗产大会在苏州召开,这一国际组织能够选择苏州为会议主办地,本身也是对其城市环境文化的一种肯定。

3. 世界城市的多样化色彩艺境

从对城市的感受来看,没有任何元素能比色彩更快地传递城市的基本艺术特征。有时,同一种色彩类型的建筑会反复出现,在不同的地貌条件下显示出高度的同源性,并传递出很多相似的信息。然而,尽管色彩艺术是城市共有的、始于中世纪的设计理念,很多城市的色彩看上去也很相似,但对比之下,还是能够从细部的色彩关系区分其民族归属、自然环境、气候类型等的不同。如瑞典斯德哥尔摩加姆拉斯坦历史街区,深灰色的

图7-12 瑞典斯德哥尔摩的历史街区加姆拉斯坦

资料来源:〔意〕古伊多·巴罗西奥,《高飞丛书·欧洲》,王兰军、方智译,中国铁道出版社2011年版。

坡屋顶和亮暖橙色系列的建筑立面形成鲜明的色彩对比，在周边水面的衬托下显得生动而温馨；同为深灰色坡屋顶的德国科隆，其建筑立面色彩趋于暖白色，色彩对比更强烈、更跳跃；而意大利阿尔伯罗贝洛石头房子的深灰色锥形屋顶与白色墙面则拥有一种纯净、质朴的色彩情怀。（见图7-12、图7-13、图7-14）

以统一的红色屋面构成城市色彩肌理的案例在欧洲不胜枚举，意大利的佛罗伦萨和切法卢、克罗地亚的杜布罗夫尼克和契奥弗的达尔马提亚岛、瑞士的图恩和穆尔滕等。大片的红色屋面不仅造就了统一的城市色彩风貌，还以其艺术魅力融入自然，成为整体色彩环境的一部分。

图7-13　德国科隆

资料来源：〔意〕古伊多·巴罗西奥，《高飞丛书·欧洲》，王兰军、方智译，中国铁道出版社2011年版。

图7-14　意大利阿尔伯罗贝洛

资料来源：〔意〕古伊多·巴罗西奥，《高飞丛书·欧洲》，王兰军、方智译，中国铁道出版社2011年版。

色彩艺境体现出城市历史与艺术的关联，而从更广的角度来看，世界城市色彩的多样化为我们带来了不同的地域艺术风情。被列入"世界人类历史文化遗产"的墨西哥瓜纳华托州首府瓜纳华托（Guanajuato）的城市建筑绚丽多彩，粉红、粉绿、橙色、钴蓝、土黄等颜色的强烈对比，使整个城市都洋溢着艳丽、跳跃、轻松的色彩艺境；挪威朗伊尔地处北极一带，绚丽丰富的城市色彩在单纯的自然背景环衬下显现出一种乐观的生机；在印度贾斯坦邦的焦特布尔市，蓝色被认为是高贵的象征，整个城市大部分建筑被饰以蓝色，故有"蓝色城市"之称；摩洛哥北部丹吉尔附近的舍夫沙万（Chefchaouen）也是一个蓝色的小城，在这里，蓝色被作为富足的象征，其街道、建筑墙面、门、窗以及一些生活用具至今都保持着蓝色系的装饰习惯；而阿根廷布宜诺斯艾利斯的博卡区（La Boca）、意大利的布鲁诺和南非开普敦则以斑斓的色彩体现出一种浪漫的艺术情怀。这些城市皆以它们独特的理性或感性的色彩风貌而成为一件艺术品。

自古以来，人们热衷于用色彩装饰城市，并注重色彩环境特征的保持，主要缘于色彩的艺术魅力和人类对色彩的心理需求。从城市艺术的发展历程来看，色彩无疑是其规划设计中不容忽视的一项重要内容。

本章小结

"城市艺境"是当今城市艺术设计理论研究的一个重要课题。本章从三个方面论述了审美语境下城市艺境建构的意义。

一、文中通过案例从艺术和社会两方面分析了传统园林艺术理念对城市艺境设计的影响，并指出城市艺境是艺术设计与社会发展的产物。

二、中国传统园林艺境在十八世纪的中西文化交流中对西方的设计产生过重要影响，其意义主要在于为其开辟了一个新的审美空间。分析西方建筑师、画家对中国传统艺境的认识与评论，可以从不同视角去审视中国传统园林艺境的艺术价值。

三、通过分析具有代表性的城市色彩案例，解读城市色彩艺境设计的艺术理念及文化内涵。同时对比世界城市色彩的不同艺术特征，认识城市色彩艺境多样化的美学意义。

第八章　"城市艺术情境化"的地缘文化特征

地缘政治与城市艺术情境化

地缘政治特征是都城特有的现象，封建国都往往会产生很浓郁的带有皇权情愫的城市艺术情境，这种地缘文化现象在拥有八百多年建都史的北京尤为显著。自元大都建城始，历经明、清、中华民国，直至中华人民共和国，各个历史时期的城市建设无不借助城市设计的艺术手段彰显其政权本色，那些在一定政治规制下营造的城市建筑和景观已成为国家政体的代表。

元大都在城市布局的中心建有中心台，是当时城市中心的标志性建筑。《析津志》记："中心台，在中心阁西十五步，其台方幅一亩，以墙缭绕，正南有石碑，刻曰：'中心之台'，实都中东西南北四方之中也。"[1]

中心台确立了全城的中心位置，同时也是象征整个国家政治核心的地标，形式和位置都具有政权的象征性和权威性。中心台还构成了全城四至的基准，城市中心点和城郭四至的确定，对城市的整体规划起了决定性的作用，元大都的街道、坊巷布局皆围绕这个中心区展开。大都的设计者在城市建设尚未完成、北半部依然空旷的情况下，先行建立城市中心标志点，不仅从形式上体现了游牧民族的一种政权理念，也构成了元大都极具地缘政治色彩的城市艺术情境化特征。

1　〔元〕熊梦祥撰：《析津志》。

以国号命名的大明门则是政权的象征。"永乐十五年，始改建皇城于东，去旧宫里许，悉如金陵之制。其皇城外围墙，三千二百二十五丈九尺四寸。向南者曰大明门，与正阳门直对"。《长安客话》记："凡国家有大典，则启大明门出，不则常扃（jiōng）不开。"[1] 从语意看，明初所建大明门系国家的象征，正中钤有"大明门"三字的匾额醒目壮观，含义明晰，门两侧书有对联："日月光天德，山河壮帝居"。明统治者入主京城以后，似乎更注重以文字内容彰显王朝的执政理念，大明门不仅是中轴线上意义极重的一个政治情境化的景观，还以其称谓昭示大明政权的存在，大明门正是在这种象征性的政治情境之中，以其国家建筑的身份炫耀着大明王朝的辉煌。

在此后的朝代更替中，新统治者无不首先撤换此门的牌匾，清王朝将其更名为"大清门"，中华民国时又改换成"中华门"，这座承载着"国号"的建筑，其作用主要在于渲染浓厚的城市政治氛围，这也是北京地缘政治艺术情境化最具代表性的城市作品。

在明代的城市改建中，不仅城门建筑艺术形式有所提升，元代城门的名称也都被悉数更换，明统治者意欲借助城门的艺术情境氛围潜移默化地昭示其政治理念。

永乐四年始建北京宫殿，在新建宫城（紫禁城）北门外景区增建万岁山（俗称煤山）。"崇祯七年（1634）九月，量万岁山，自山顶至山根，斜量二十一丈，折高十四丈七尺。……山上树木郁葱，鹤鹿成群，有亭五：曰毓秀亭，曰寿春亭，曰集芳亭，曰长春亭，曰会景亭。"[2] 其主峰位置正是元大都宫城中延春阁故址，意在以此山压制前朝，故又称"镇山"。万岁山为城中制高点，登主峰可俯瞰全城，此"山"虽无明确的实用价值，却有着极深的象征意义，主要在于借此具有皇权情愫的城市艺术实体景观彰显政权的威严。

清初，"大明门"更换门匾变身为"大清门"，这座象征政权归属的政治情境化建筑首次宣告朝代更迭。

1 〔明〕蒋一葵：《长安客话》，北京出版社 2001 年版。
2 〔清〕周家楣、缪荃孙等编纂：《光绪顺天府志·明故宫考》，北京古籍出版社 2001 年版。

　　此后，清政府的财力、物力主要用于开发京师西北郊的皇家园林，其中最具艺术影响力的当属颐和园和仅存遗址的圆明园。

　　具有清代特色的"园居理政"始于清圣祖康熙，此后逐渐形成惯例。清代皇帝每年居于园囿中"避喧听政"的时间大约占三分之二以上，皇家园林也因此而成为京师的第二政治中心。

　　帝王"园居理政"使皇家园林景区轻松的休闲氛围平添了浓厚的政治色彩，展现出一种清代独有的艺术情境化的地缘政治现象。

　　清代地缘政治的艺术情境化还表现在万岁山和北海琼华岛白塔上。清顺治十二年（1655）将万岁山改名为"景山"。乾隆十五年（1750）在景山五峰上重建诸亭，中峰上为万春亭；向东依次为周尚亭、观妙亭；向西依次为富览亭、辑芳亭。中峰的万春亭仍是京城最高点，在此可观览全城，彰显统治者居高俯瞰、掌控天下的政治情怀。

　　北海琼华岛的藏式喇嘛塔建于清顺治六年（1651），据碑记："有西域喇嘛者，欲以佛教阴赞皇猷，请立塔寺，寿国佑民。"皇帝恩准，建永安寺白塔。

　　此塔为须弥山座式，上圆下方，通高 35.9 米，建于琼华岛山顶，巍峨壮美，绿荫拥簇，这座象征神权的塔不仅具有主宰全园的气势，更以至高无上的震慑力向世间传达着"君权神授"的思想，同时也使地缘政治融于宗教的艺术情境之中。

　　永定门外的燕墩是建于清乾隆十八年（1753）的城市标志性建筑，墩台底座高约 8 米，上部正中耸立着一座高约 7 米的方形碑，碑的南、北两面分别以满汉文字镌刻着出自乾隆皇帝手笔的《御制帝都篇》和《御制皇都篇》。[1]《帝都篇》和《皇都篇》以激昂的文笔、磅礴的气势，赞美了北京城险要的地理形势和国泰民安的盛景，洋溢着对大清王朝的赞颂。

　　燕墩的主要功能在于宣扬清统治者的治国方略，是典型的皇权政治艺术情境化的景观建筑，碑座四周刻有 24 尊神像，顶部雕饰龙纹，具有很高的

1　〔清〕乾隆：《帝都篇》《皇都篇》，永定门外燕墩。

艺术价值和历史文化价值。有清人李静山《燕墩》诗曰:"沙路迢迢古迹存,石幢卓立号燕墩,大都旧事谁能说,正对当年丽正门。"[1]形象地描述了当年燕墩矗立在永定门外的情境。

中华民国初,北京皇城正门"大清门"又改称"中华门",这座昭示天下归属的建筑又一次更名换姓,并以此宣告"中华民国"时代的到来。这座始建于明代的"门"又一次以政治情境的方式显示了朝代的更迭。

中华人民共和国成立后,"中华门"没有再被当作改朝换代的标志物,而是选择了"天安门"作为地缘政治的代表性建筑,希望以更宏大的艺术情境来表现这次大的政治变革。

地缘政治情境化不仅是营造一个区域的视觉艺术境况,还在于对城市政治情境乃至国家政治情境的定位。艺术功效也不仅是摄物、摄景,更重要的是摄取人心,即通过对地缘政治情境的设计与经营,从艺术情境层面潜移默化地影响人的精神情境。

地缘习俗与城市艺术情境化

地缘习俗的艺术情境化是历史城市所特有的现象,而在都城的环境中往往还会浸透出浓厚的皇室艺术风情,这种情境在古都北京尤为明显。从元始,历经明、清、中华民国,直到今天的中华人民共和国,各个历史时期无不在城市中留有体现艺术情境的地域习俗,传达着不同的时代气息。

牌楼曾是北京城市街道上的重要建筑物,其不仅以街道对景的方式装点着城市环境,同时也是地缘习俗情境化的一种艺术现象,几乎每座牌楼都是作为一个城市区域的艺术标志而存在的。如:东单牌楼、西单牌楼、东四牌楼和西四牌楼就是代表四个传统城市商业节点的标志性建筑;景德街牌楼(历代帝王庙牌楼)、东长安街牌楼、西长安街牌楼、东公安街牌楼、司法部街牌楼、东交民巷牌楼和西交民巷牌楼等都是传统城市街区的标志性建筑；正阳桥牌楼是正阳门建筑组群的起点；金鳌牌楼和玉蝀牌楼是金鳌玉蝀桥（北海桥）的标志；而大高玄殿门前的三座牌楼装点的则是这组皇家道教建筑的门面。这些城市中的艺术构筑物虽无太多的实用价值，但其精神层面的象征意义却无可替代。

民国十二年（1923），电车公司计划在城区铺设路轨，八条电车线路中，有六条与东、西单牌楼有关，内务部鉴于"京师东单牌楼年久失修形势危险拟请拨款拆修并声明商准电车公司备款改建西单牌楼……"[1]，此事见诸报端后引起了北平市民的广泛关注。很多市民对牌楼移位之事持有不同意见。

同年 7 月 14 日，市民秦子壮等公开呼吁保护牌楼，要求改变电车路线，提出"愿北京电车公司尊重北京古迹，尊重中国文化，……鉴于电车之种种不利于城市，为人民便利及为城市观瞻上作想，起而与之奋斗，……亦应与我辈留一幅干净土。"[2]并认为，因增设电车线路而拆除或移走东、西单牌楼，完全是对北京古迹的摧残和破坏。为此，他们在公开启示中发出了："此而可忍，亡国亦可忍；此而不知力争，即身败家亡国亡应亦不知力争。"[3]的呐喊。并号召广大市民"与其留万世我辈子孙之指摘及外人之讥讽，不如趁此时群起向市政警厅哭诉，竭全力反对，不达到变更路线不止。"[4]最后政府为了"以安民心而维商业"，不得不慎重考虑牌楼的存留问题。

这一市民强烈反对拆除牌楼的案例，体现了城市地缘习俗艺术情境化后在坊间的影响力，牌楼在北京市民心中已不只是一座具有艺术装饰性的建筑物，也不仅是影响"城市观瞻"的事，它的存在与否已被上升到"牌楼之存在关系国家之兴衰"的高度。

东、西单牌楼一带历来系繁华商业区，标志性的牌楼早与传统商业习俗融为一体，产生了牌楼习俗的艺术情境。

牌楼效应为民间带来的是生活便利和心理满足，而对于商家来说，"牌

1　内务部呈请改修东、西单牌楼呈文及批令，北京市档案馆档案资料。
2　《市民秦子壮等呼吁保护古迹改变电车行径路线公启》，1923 年 7 月 14 日，北京市档案馆档案资料。
3　同上。
4　同上。

楼商圈"是不可多得的经商宝地，因此，无论是感情上还是商业习俗上，他们都无法接受取消牌楼的做法。

从牌楼的境遇不难看出地缘习俗艺术情境化的影响力，类似的典例还有城门习俗的艺术情境化、商街习俗的艺术情境化、胡同习俗的艺术情境化等。

地缘生态与城市艺术情境化

地缘生态的艺术情境化同样是历史城市所特有的现象，不同历史时期均会在城市环境中留下被艺术情境化的地缘生态特征。

然而，很长时间以来，对这笔丰厚的城市地缘生态文化遗产，我们并没有给予足够的重视，忽略了对生态艺术的研究和保护，更没有认识到它对于整体古都风貌的重要性。由于近现代政治、经济等方面的原因，使得这座城市在发展进程中始终存在着生态保护与建设发展的矛盾，在新的城市建筑雨后春笋般耸立起来之时，古都珍贵的城市地缘生态文化却在不断地损毁或消失。

1.宏大规整、平缓开阔的城市地缘生态艺术情境

都邑营建在封建时期被看成是立国的根本大计，作为国家的象征，都城的兴盛即代表着国家的兴盛。

中国古代都邑的营建有着严格的规定，所谓"古之王者，择天下之中而立国。"[1]不仅选址和地势地貌是重要因素，同时还要水源丰盈，物产富足。即，"凡立国都，非于大山之下，必于广川之上。高毋近旱，而水用足；下毋近水，而沟防省。因天材，就地利"。[2]以上观念基本代表了中国古代都城营建的地缘生态法则，北京城址的选择也正是基于这些理念。

在北京的西北部，弧形的燕山山脉形成了半封闭状的"北京湾"，正可

---

1 〔战国〕吕不韦门客编撰：《吕氏春秋全译》，关贤柱、廖进碧、钟雪丽译注，贵州人民出版社 2009 年版。

2 《管子·乘马第五》。

谓"非于大山之下，必于广川之上"。从城中向西北望去，群山环抱，宛似围屏。东南方则是广阔无垠的华北冲积平原，玉泉山之水引入城中，犹如一条蜿蜒的玉带。北京独特的地缘生态环境构成了一道别具风采的城市风景线。

金中都城是在辽陪都的基础上扩建而成，金人在辽行宫的基础上开挖了"太液池"，堆筑了"琼华岛"。这一时期，融合地缘生态的审美之风逐渐兴起，著名的"燕京八景"即始于这一时期。

出于对地缘生态审美文化的认同，元大都城的规划和兴建竟以金代琼华岛景区为中心，其城市设计虽基本恪守《周礼·考工记》的原则，但城市中心的这一地缘生态景区无疑为规划严谨的城池带来了清新的艺术之风。

明北京城不仅沿袭了元大都的城市格局，还延续了其平缓宏大的地缘生态特征，全城严格限制建筑高度，景山是城中的制高点，紫禁城是全城中心最高的建筑群，其周边皆为较低平的建筑，这些元素决定了北京的城市地缘生态艺术特征。

对于北京的地缘生态特点及意义，乾隆皇帝在《帝都篇》中赞道："……王畿乃四方之本，居重驭轻，当以形势为要。则伊古以来建都之地，无如今之燕京矣。……惟此冀方曰天府，唐虞建极信可征。右拥太行左沧海，南襟河济北居庸。会通带内辽海外，云帆可转东吴粳。"[1]

2. 清新俊朗的城市地缘生态艺术情境

北京城地处西北高、东南低的华北冲积平原上，其西北部为绵延起伏的燕山山脉。山脉是北京城市景观重要的衬景，正是因为有了这些秀丽山峦的衬托，北京的城市景观才显得清丽壮美、层次丰富。清代文学家龚自珍的《说京西翠微山》从独特的视角形象地描述了这座京西名山与京城的密切关系："翠微山者，有籍于朝，有闻于朝…… 山高可六七里，近京之山，此为高矣。不绝高，不敢绝高，以俯临京师也。不居正北，居西北，为伞盖，不为枕障也。出阜成门三十五里，不敢远京师也。"[2] 作者除描述西山美景外，

1　〔清〕乾隆：《帝都篇》，永定门外燕墩。

2　〔清〕龚自珍：《龚自珍全集》，上海古籍出版社1999年版，第12页。

更以幽默的语调形象地表达了山与城的关系，谓其不敢太高，不敢太远，而是像伞盖、卫士一样护卫京师。寥寥数语，二者的艺术关联形式跃然纸上。

明代李流芳在《游西山小记》中也记述过北京的山水美景："出西直门，过高梁桥，可十余里，至元君祠，折西北，有平堤十里，夹道皆古柳，参差掩映，澄湖百顷，一望渺然。西山匼匝与波光上下。远见功德古刹及玉泉亭榭，朱门碧瓦，青林翠嶂，互相缀发。湖中菰蒲零乱，鸥鹭翩翩，如在江南画图中。"[1]

无论是拱卫京师的山峦，还是淌入京城的清泉，无疑都给这座城市的生态环境注入了活力和灵气，是北京地缘生态不可缺少的重要艺术情境。

对于北京山水生态环境的感悟和艺术整合，早在金代"燕京八景"中就已出现，其中"琼岛春阴""太液秋波""玉泉垂虹""西山霁雪""卢沟晓月""居庸叠翠"等皆为城市与自然景观的主题性表述，后经元、明、清数代，八景称谓屡有变换，文人雅士皆热衷于为之吟诗作赋。颇具艺术情怀的乾隆皇帝根据地缘生态的艺术情境重新审定八景，仍保留了"琼岛春阴、居庸叠翠、太液秋风、玉泉趵突、卢沟晓月、西山晴雪"等与山、水、城生态艺术情境密不可分的主题景观。此后又出现了属于小燕京八景的"银锭观山、长安观塔、西便群羊"等城市主题景观，北京的玉河、什刹海、高梁河等水系也都逐渐融入城市地缘生态的艺术情境之中。

北京繁复多变的气候使城市风光在季节交替中呈现丰富多彩的变幻，鲜明的四季变化造就了北京城市景观独特的艺术魅力。"燕京八景"，即囊括了京城四季不同的景象，如春季的"琼岛春阳"、夏季的"玉泉趵突"、秋季的"太液秋风"、冬季的"西山晴雪"等。明代文学家袁宏道在《满井游记》中对北京东直门外满井一带初春时节的景色作过如下描述，"高柳夹坝，土膏微润，一望空阔，若脱笼之鹄。于是冰皮始解，波色乍明，鳞浪层层，清澈见底，晶晶然如镜之新开而冷光之乍出于匣也。山峦为晴雪所洗，娟然如拭。鲜妍明媚，如倩女之靧面而髻鬟之始掠也。柳条将舒未舒，柔梢披风。

1 〔明〕李流芳：《檀园集》（卷八），商务印书馆 2006 年版。

……凡曝沙之鸟，呷浪之鳞，悠然自得，毛羽鳞鬣之间，皆有喜气。始知田郊之外未始无春，……"[1]这些文字生动地记述了初春北京城郊的自然生态景象。

对西直门外高粱桥一带的宜人风景，袁宏道也为我们留下了精妙观感："高粱桥在西直门外，京师最胜地也。两水夹堤，垂杨十余里，流急而清，鱼之沉水底者鳞鬣相见。精蓝棋置，丹楼朱塔，窈窕绿树中。而西山之在几席者，朝夕设色以娱游人。"[2]一幅山水相宜、清逸秀丽的夏季风景图跃然纸上。

瑞典史学家奥斯伍尔德·喜仁龙在《北京的城墙和城门》一书中对北京城墙及西郊美景的描述，使我们看到了一个西方学者对古都地缘生态艺术的赞誉："远眺城墙，它们宛如一条连绵不绝的长城，其中点缀着座座挺立的城楼。气候温暖的时候，城头上长着一簇簇树丛灌木，增添了几分生机。秋高气爽的十月早晨，是景色最美的时候，特别是向西瞭望，在明镜澄澈的晴空下，远处深蓝色的西山把城墙衬托得格外美丽。如果你曾在北京城墙上度过秋季里风和日丽的一天，你决不会忘记那绮丽的景色——明媚的阳光，清晰的万物，以及和谐交织起来的五彩斑斓的透明色彩。"[3]宛如一幅融于生态艺术情境之中的山与城的绚丽画卷。

3. 城市地缘生态艺术情境化的历史文化内涵

在漫长的历史进程中，六朝古都北京累积了深厚的文化底蕴，这里不仅是政治文化中心，还是全国文人墨客的聚集之地，深厚的城市文化使自然景观具备了多重的意义，人文化的地缘生态艺术情境在金代明昌年间就已出现。随着历史的演进，又不断涌现出以京城的城墙、城楼、牌楼、水域等城市元素为亮点的新城市地缘生态景观，它们不同程度地被寄予一定的人文色彩，并以其自身的文化经历和文人墨客赋予它们的数不清的赞誉之词，不断推动着城市地缘生态艺术情境化的发展。

---

1 〔明〕袁宏道：《高粱桥游记》，见《古人笔下的北京风光》，中国旅游出版社1992年版。

2 同上。

3 〔瑞典〕奥斯伍尔德·喜仁龙：《北京的城墙和城门》，许永全译，北京燕山出版社1985年版。

北京的城市地缘生态艺术集自然景观与城市文化而成，并以它特有的形式诠释着中国传统文化思想和艺术观。这些被艺术情境化的城市景观是这座古都特有的地缘文化遗产，它们的存在使古都风貌的艺术魅力不再局限于城池的范围，而在情境化中扩展了外延空间，使得"城"也越来越有艺术想象力和感染力。

作为全国的政治文化中心，北京的城市生态中自然会融入皇家色彩。继金代"燕京八景"之后，清代又根据地缘生态特征调整了"八景"，并于乾隆十六年分别立碑定论。颇具文采的乾隆皇帝还亲自为八景赋诗、题字。正是由于统治者对城市生态艺术的重视，北京的这些景观才得以受到追捧并延续发展，成为城市艺术情境的重要组成部分。

随着时代的演变，北京的城市艺术情境化内容也在不断丰富和发展，城楼、城墙、牌楼、庙宇等古建筑所处地域以及玉河、什刹海、高粱河等自然水域也都在生态艺术情境层面被赋予了更多的含意。在崇尚生态艺术情境的大环境下，这些坊间衍生的城市生态景观虽大多未经官方确认，但仍在民间不断延续。随着时代的发展，附加在这些艺术情境身上的地域文化色彩也愈加浓厚，人们不仅抒发文采为其吟诗作赋，相关的佚事、趣闻也被广为传播。正是由于帝王、文人及民间百姓对于城市生态艺术的重视、喜爱和参与，才使得北京特有的地缘生态艺术能够不断地充实和发展。

本章小结

本章从地缘政治、地缘习俗和地缘生态的视角分析了北京特有的地域艺术现象，通过解析古都特有的地缘文化特征，提出城市艺术情境化的设计理念。

艺术思维下建构的城市设计核心理论

艺术是最初的和基本的精神活动，所有其他的活动都是从这块原始的土地上生长出来的。它不是宗教或科学或哲学的原始形式，它是比这些更原始的东西，是构成它们的基础并使它们成为可能的东西。

—— 罗宾·乔治·科林伍德（Robin George Collingwood）

第九章　从城市资料到设计理论的建构方法

自下而上——从原始资料到实质理论

"质的研究方法"的初步定义为："质的研究是以研究者本人作为研究工具，在自然情景下采用多种资料收集方法对社会现象进行整体性探究，用归纳法分析资料和形成理论，通过与研究对象互动，对其行为和意义建构获得解释性理解的一种活动。"[1] 选择"质的研究方法"，主要是尝试对一个问题施以不同的方法进行研究，经对比、分析、归纳、整合，使不同研究线路建构的理论形成互证，从而使研究成果更加确切和饱满。

对于传统意义的量的研究方法与质的研究方法之间的差异，陈向明教授在《质的研究方法与社会科学研究》中曾指出："量的研究和质的研究各有其优势和弱点。一般来说，量的方法比较适合在宏观层面对事物进行大规模的调查和预测；而质的研究比较适合在微观层面对个别事物进行细致、动态的描述和分析。量的研究证实的是有关社会现象的平均情况，因而对抽样总体具有代表性；而质的研究擅长于对特殊现象进行探讨，以求发现问题或提出新的看问题的视角。量的研究将事物在某一时刻凝固起来，然后进行数量上的计算；而质的研究使用语言和图像作为表述的手段，在时间的流动中追

1　陈向明：《质的研究方法与社会科学研究》，教育科学出版社 2012 年版，第 12 页。

踪事件的变化过程。量的研究从研究者自己事先设定的假设出发，收集数据对其进行验证；而质的研究强调从当事人的角度了解他们的看法，注意他们的心理建构和意义建构。量的研究极力排除研究者本人对研究的影响，尽量做到价值中立；而质的研究十分重视研究者对研究过程和结果的影响。要求研究者对自己的行为进行不断的反思。"[1]

表 9-1　质的研究与量的研究比较

	量的研究	质的研究
研究的目的	证实普遍情况，预测，寻求共识	解释性理解，寻求复杂性，提出新问题
对知识的定义	情境无涉	由社会文化所建构
价值与事实	分离	密不可分
研究的内容	事实，原因，影响，凝固的事物，变量	故事，事件，过程，意义，整体探究
研究的层面	宏观	微观
研究的问题	事先确定	在研究中产生
研究的设计	结构性的，事先确定的，比较具体	灵活的，演变的，比较宽泛
研究的手段	数字，计算，统计分析	语言，图像，描述分析
研究工具	量表，统计软件，问卷，计算机	研究者本人（身份，前设），录音机
抽样方法	随机抽样，样本较大	目的性抽样，样本较小
研究的情境	控制性，暂时性，抽象	自然性，整体性，具体
收集资料的方法	封闭式问卷，统计表，实验，结构性观察	开放式访谈，参与观察，实物分析
资料的特点	量化的资料，可操作的变量，统计数据	描述性资料，实地笔记，当事人引言等
分析框架	事先设定，加以验证	逐步形成
分析方式	演绎法，量化分析，收集资料之后	归纳法，寻找概念和主题贯穿全过程
研究结论	概括性，普适性	独特性，地域性
结果的解释	文化客位，主客体对立	文化主位，互为主体
理论假设	在研究之前产生	在研究之后产生

---

[1]　陈向明：《质的研究方法与社会科学研究》，教育科学出版社 2012 年版，第 10 页。

（续表）

	量的研究	质的研究
理论来源	自上而下	自下而上
理论类型	大理论，普遍性规范理论	扎根理论，解释性理论，观点，看法
成文方式	抽象，概括，客观 量的研究	描述为主，研究者的个人反省 质的研究
作品评价	简洁、明快	杂乱，深描，多重声音
效度	固定的检测方法，证实	相关关系，证伪，可信性，严谨
信度	可以重复	不能重复
推广度	可控制，可推广到抽样总体	认同推广，理论推广，积累推广
伦理问题	不收重视	非常重视
研究者	客观的权威	反思的自我，互动的个体
研究者所受训练	理论的，定量统计的	人文的，人类学的，拼接和多面手的
研究者心态	明确	不明确，含糊，多样性
研究关系	相对分离，研究者独立于研究对象	密切接触，相互影响，变化，共情，信任
研究阶段	分明，事先设定	演化，变化，重叠交叉

资料来源：陈向明，《质的研究方法与社会科学研究》，教育科学出版社 2012 年版。

尽管此研究方法的宗旨是在自然情境下对个人"生活世界"及社会组织的日常运作进行研究，与传统意义下的研究方法不尽相同，但其关注社会文化背景，关注社会现象及事件之间的关系，主张在环境中理解事物，对事物进行整体、关联式考察的观点则适用于艺术论题的研究。

在城市设计问题的研究中，由于研究的情境不同，研究者看问题的方法不同以及社会问题的复杂性，应从不同角度探究问题，采取一种开放、灵活的态度，以多元的方式建构理论。

/ 借鉴"扎根理论"

"扎根理论"[1]是质的研究分支中一个著名的以建构理论为目的的方法，

1　质的研究中一种著名的建构理论的方法，格拉斯和斯特劳斯于 1967 年提出。

作为一种研究方法，扎根理论与传统意义的自上而下建构理论的方式有所不同，其基本原则是，研究前没有理论假设，通过系统收集相关资料，搜寻核心概念，直接从资料中产生概念，经归纳、整合，最后通过研究概念之间的联系自下而上地建构理论。

尽管扎根理论的研究方法需要有经验证据的支持，但其主要特点不在经验性，而在于从经验中抽象出新的思想和概念。相对于社会科学研究中理论性研究与经验性研究之间的一些脱节现象，扎根理论研究方法则是主张理论与经验相结合。鉴于城市设计研究中的情感、经验及难以量化等因素，故其在很多方面较适合此研究方法。

这一理论的发起人格拉斯和斯特劳斯称此方法的目的在于"填平理论研究与经验研究之间尴尬的鸿沟"。不仅强调收集和分析原始资料，而且注重在经验事实的基础上抽象出理论。

扎根理论注重的是研究者对于理论的高度敏感，要求其在收集和分析资料时，对前人已有的理论、自己现有的理论及资料中的理论保持敏感，以利于从其中找到那些能够集中表达理论及资料内容的概念，从而获取建构理论的新线索。

关于文献的使用，扎根理论认为，研究者可以使用前人的理论或自己原有的理论进行理论建构，但这些理论应该与用于研究的原始资料及理论相匹配，结合原始资料和自己的判断，使资料与研究者的解释之间不断产生互动、整合，以达到从资料中生成理论的结果。

在质的研究方法中，理论被分为实质理论和形式理论，实质理论建立在原始资料的基础之上，是适合在特定情景中解释特定社会现象的理论。而形式理论则指观念体系和逻辑框架，用来说明、论证及预测有关社会现象的规律。

本书从城市设计的特性出发，参考扎根理论的研究程序，制定出符合城市设计内容和特点的研究方法。（1）收集编排各类城市设计范畴的原始资料，从原始资料中产生出资料性概念；（2）不断在资料与资料、资料与概念及概念与概念之间进行比较，建立概念之间的联系，形成有关城市设计的实质理论；（3）在不同的实质理论之间寻找关系；（4）建构统一的、概念密集的关于城市设计的形式理论（终点理论）。

/ 从原始资料到核心概念

扎根理论强调在原始资料中提升理论，实质理论必须扎根于原始资料之中，不能凭想象产生。任何理论知识的形成都需经历一个先从事实到实质理论，然后再发展到形式理论的自下而上的过程，即原始资料（事实）—资料概念—实质理论—形式理论（结论）。认为只有从生活资料中产生的理论才具有生命力，才具有指导社会实践的意义。

关于城市艺术设计及艺术属性问题，前面的章节已进行了一些研究，从不同视角论证了各种城市环境设计现象并提出自己的解释，继而通过比较研究初步证实了一些概念，这些经过自上而下建构理论的路线初步证实的概念（初步理论）包括：城市艺术意识、艺术主导城市设计、城市艺术化、城市艺境、城市艺术情境化等。

比较而言，质的研究方法采取的是自下而上的路线，而且认为形成概念的资料来源应是宽泛的、开放式的，包括访谈、考察、实物分析等，一切能为研究服务的"东西"都可为其所用。陈向明教授在其专著中指出："质的研究是特定研究者以某种自己选择的方式将世界'打碎'，根据自己的需要从中挑选一些自己喜欢的'碎片'，然后将它们以某种特定的方式'拼凑'起来，展示给世人看的一种活动方式。所以，在现实世界中，研究者可以找到的任何'碎片'，不论它们是如何的'不规范''不成形'，只要它们'有用'，都可以被作为研究的'资料'。"[1] 在质的研究中，研究者本着不确定的、多样性的心态，以描述性资料、当事人引言、实地笔记、实地图像等为基本资料特征，其属性并无限定，如何收集、选择、分析和使用资料才是至关重要的。

根据扎根理论，当我们开始对这座城市的传统设计特性及近现代发展状

1　陈向明：《质的研究方法与社会科学研究》，教育科学出版社2012年版，第95页。

况研究时，首先要将那些自然的、零散的、具体的"原始资料"进行逐级登录、将大量收集到的与城市设计相关的"资料""事实"汇集到"开放式资料登录"中，并经归纳产生"资料概念"。

表9-2 开放式资料登录与资料概念（分类属）

资料概念 （分类属）	原始资料、事实（城市设计范畴概括的"碎片"，源自：描述性资料、访谈笔记、媒体信息、实地观察、实地图像）
国都风范	紫禁城、皇城、中轴线、棋盘式布局、城门楼（原内九外七皇城四）、城墙、牌楼、黄琉璃瓦、红墙、城砖（描述性资料、实地图像、观察笔记）
传统建筑艺术	紫禁城、天安门、正阳门、德胜门、内城东南角楼、北海白塔、景山、妙应寺白塔、天宁寺塔、钟楼、鼓楼、燕墩、成贤街牌楼（描述性资料、实地图像）
建筑装饰艺术	皇室建筑石雕、木雕、砖雕、琉璃瓦、红墙、城砖，传统民居砖雕、木雕、油漆彩画、门联、门枕石（门墩）、灰砖瓦、当代无序的城市建筑装饰（实地观察、实地图像）
非物质艺术遗产	石雕技艺、砖雕技艺、木雕技艺、油漆彩画技艺、琉璃烧制术、贡砖烧制术、民间手工艺技艺，（观察笔记、实地图像）
城市艺术景观	政治性景观（天安门、正阳门、燕墩等）、商业性景观（东西单牌楼、东西四牌楼、钟鼓楼）、宗教景观（太庙、孔庙、历代帝王庙、北海白塔、妙应寺白塔、天宁寺塔，）自然人文景观（燕京八景、小燕京八景）（描述性资料、访谈、观察、实地图像）
城市色彩艺术	黄琉璃瓦、红墙、灰瓦、灰砖、传统色彩规制、色彩的无序状况、色彩规划、灰色调、五色北京、环境色彩、色彩表情（观察笔记、实地图像）
生活艺术化	重艺术修养、琴棋书画、追求精致生活、注重玩儿的细节、讲究娱乐门道儿、有艺术情调（观察、访谈、）
地缘艺术	皇家艺术、民间技艺、民族艺术融合、乡土艺术、地域景观（访谈、考察笔记）
城市规划	古代营建规制、整体布局、限高、突破规划（考察笔记、媒体、观察、实地图像）
城市环境审美	建筑雕饰、油漆彩画、牌楼、商业展示形式、城市雕塑、景观绿化、城市家具、城市环境色彩（实地图像）
民间艺术	风筝、兔儿爷、风车儿、糖人、棕人、脸谱（考察笔记、访谈、实地图像）
装饰艺术	石雕、砖雕、木雕、瓦件、油漆彩画（访谈、观察、图像）

（续表）

资料概念 （分类属）	原始资料、事实（城市设计范畴概括的"碎片"，源自：描述性资料、访谈笔记、媒体信息、实地观察、实地图像）
等级观念	色彩、形式、材料、建筑规制、数字内涵、律法（考察笔记、实地图像）
城市风貌	凸字型城郭、布局、胡同、四合院、灰砖灰瓦、灰色调、建筑混杂、传统肌理（考察笔记、访谈）
生活娱乐化	遛鸟、养鱼、养花、下棋、打牌、斗蛐蛐（蟋蟀）、玩鸽子、放风筝、养蝈蝈、收藏（观察、访谈、）
政绩观	注重 GDP、城市改造、发展城市经济、大型项目、面子工程、业绩、浮夸（描述性资料、观察）
交通观念	扩展旧城路网、传统道路改造、交通拥堵、展宽、拆改（媒体、观察、调研、实地图像）
经营城市	招商引资、旧城危改、招标、拆迁、危房改造、建设、改变规划（描述性资料、媒体、调研）
城市危改	危房改造、传统街巷、民居、建筑风貌保护、政府、开发商、拆迁公司、野蛮拆迁、疏解原住民。（媒体信息、调研、实地图像）
千城一面	忽视历史、从众心态、模仿、抄袭、流行、崇洋心理、拆旧建新、短视、缺少个性（调研、实地观察、舆论、图像）
盲目建设	标志性建筑、商业航母、国际招标、政绩观、面子工程、大拆大建、吸引外资（描述性资料、实地图像、实地观察）
现代化国际大都市	现代化建设、快速发展、新理念、新技术、新材料、长远规划、模仿、大规模、新奇设计、快速发展、与国际接轨、忽视特性（描述性资料、媒体信息）
不同见解	反对意见、论争、有识之士、联名上书

　　上述原始资料主要来源于实地观察、考察笔记、实地图像、社会调研、民间访谈、描述性资料、媒体信息等，不仅显示出其多样性、模糊性、松散性，同时也使我们看到了研究者与研究内容密切接触与相互影响的特点。这些资料可能会不同程度地分散于很多城市之中，但本文收集的原始资料均来源于北京历史城区，希望能在一个具有代表性的文化背景下，通过研究一个城市得出具有普遍意义的社会学解释。

　　资料的收集方式以民间访谈、考察笔记、实地观察和实地图像为主。由于多种原因，能够接受访谈的对象并不多，于是现场观察、记录、拍摄就成了获取原始资料的主要手段之一。在深入社会考察的大部分时间里，主要是以一个旁观者的姿态去倾听、观察和记录。后来发现这样反而比严肃的访谈和调查轻松许多，"现场感"也更强，这种实地的参与和接触在一定程度上增加了对研究对象的切身感受。

原始资料

（一）描述性资料

描述性资料（1）

民国十二年，瑞典学者奥斯伍尔德·喜仁龙对北京的城墙进行了全面、细致的考察，也因此被称为研究北京城墙的第一人，他在《北京的城墙和城门》中对城墙的描述，展现了西方人眼中的古都艺术魅力：

> 远眺城墙，它们宛如一条连绵不绝的长城，其中点缀着座座挺立的城楼。气候温暖的时候，城头上长着一簇簇树丛灌木，增添了几分生机。秋高气爽的十月早晨，是景色最美的时候，特别是向西瞭望，在明镜澄澈的晴空下，远处深蓝色的西山把城墙衬托得格外美丽。如果你曾在北京城墙上度过秋季里风和日丽的一天，你决不会忘记那绮丽的景色——明媚的阳光，清晰的万物，以及和谐交织起来的五彩斑斓的透明色彩。[1]

概括的碎片资料：

城墙、城楼、地域景观、城市环境色彩。

描述性资料（2）

1923 年 7 月 14 日，市民秦子壮等公开呼吁改变电车路线，要求保护北京东、西单牌楼，提出"愿北京电车公司尊重北京古迹，尊重中国文化，……为城市观瞻上作想，起而与之奋斗，……亦应与我辈留一幅干净土。"

---

1 〔瑞典〕奥斯伍尔德·喜仁龙：《北京的城墙和城门》，许永全译，北京燕山出版社 1985 年版。

认为"牌楼之存在关系国家之兴衰",拆除北京牌楼之举必将遭"万世我辈子孙之指摘及外人之讥讽"。[1]

概括的碎片资料:

牌楼、地域景观、文化古迹、反对拆除牌楼、联名上书。

描述性资料（3）

关于城市艺术景观,梁思成认为:"……街道上的对景主要是牌楼、城门楼。……我们应该用都市规划眼光来看,一条街道中在适当的地方有个对景,是非常必要的,因为城市风格的价值,不因城市交通速度增加而改变。"[2]

概括的碎片资料:

牌楼、城楼、城市景观、文物建筑保护。

描述性资料（4）

"北京雄劲的周边城墙,城门上嶙峋高大的城楼,围绕紫禁城的黄瓦红墙,御河的栏杆石桥,宫城上窈窕的角楼,宫廷内宏丽的宫殿,或是园苑中妩媚的廊庑亭榭,热闹的市心里牌楼店面,和那许多坛庙、塔寺、宅第、民居,它们是个别的建筑类型,也是个别的艺术杰作。……最重要的还是这各种类型,各个或各组的建筑物的全部配合;它们与北京的全盘计划整个布局的关系;它们的位置和街道系统如何相辅相成;如何集中与分布;引直与对称;前后左右,高下起落,所组织起来的北京的全部部署的庄严秩序,怎样成为宏壮而又美丽的环境。北京是在全盘的处理上才完整地表现出伟大的中华民族建筑的传统手法和在都市计划方面的智慧与气魄。……"[3]

概括的碎片资料:

城楼、牌楼、地域景观、城市布局、紫禁城、黄瓦、红墙、传统街巷胡同、古代营建规制。

---

1 《市民秦子壮等呼吁保护古迹改变电车行径路线公启》,1923 年 7 月 14 日,北京市档案馆档案资料。

2 《关于首都古文物建筑处理问题座谈会记录》,1953 年 12 月 28 日,北京市档案馆资料。

3 梁思成、林洙:《都市计划中的无比杰作》,中国青年出版社 2013 年版,第 257 页。

描述性资料（5）

华新民女士对 2004 年被拆除的孟端胡同 45 号院做过如下描述，"那么美丽、那么高贵、那么完整，沉淀着几百年的文化，又从来没有失去过呵护：三层两千多平方米的四合院，五米高的北房，粗壮的房桅，垂花门和两侧绿色的走廊，一切都依然如故没有任何的残缺。还有那些丁香树、松树、竹子、海棠和柿子，风一吹动，丁香花便泻满一地，风一吹动，那已长成海的竹林便挲挲作响。"

概括的碎片资料：

胡同、四合院、环境、危房改造、拆迁、古代营建规制、文物建筑保护。

描述性资料（6）

满恒先在《北京晚报》发表的《消逝的不仅仅是门墩儿》一文中，对鼓楼西大街 31 号院门楼和门墩进行了细致的描述：

这是一座高于路面五层台阶、坐北朝南的门楼，灰砖灰顶，两层椽檐。青石台基之上是已经褪色的朱漆对开大门。最令人心动的是，它配有一对雕刻十分精美的门墩儿。老北京门楼下的门墩儿分为狮子型、抱鼓型、箱子型等。其作用一是支撑，二是装饰，三是显示主人身份。无论形制、尊卑上有什么区别，门礅儿最讲究图案的精细与寓意，可以说，件件都是艺术品。31 号院的这对门礅儿属于抱鼓型。按老礼儿，抱鼓寓意是通报来客的鼓，抱鼓型门墩儿应显示主人的文官身份。门礅儿最上方是呈卧姿一大一小俩狮子。狮乃"世"的谐音，大狮小狮即"世世同居"之意，而且小狮卧于大狮胸前，更显"父慈子孝""和谐美满"。在狮下方，是一江崖海水图。山水间一只怪兽咬住似鼠样的一只动物，象征以正压邪、家宅安宁。此两幅图案分别雕在抱鼓的上面和正面。抱鼓的两侧（鼓面）分别雕有蝠（福）、鹿（禄）、桃（寿）和穗（岁）、瓶（平）、鹤（安）等图案。抱鼓沿儿有非常规整的两排圆脐儿。在抱鼓的枕托之下，一束飘带缠绕着一卷家书，寄托着主人盼望佳音频传、好事不断的美好心愿。[1]

西城区某负责人表示：拆迁旧鼓楼大街两边的建筑，拓宽街道，是为了实施已批准的北京市城市交通规划，缓解环路和中轴路交通紧张的现状。

概括的碎片资料：

传统街巷胡同、四合院、城市改造、拆改、文物建筑保护、现代化建设、交通拥堵、传统道路改造、展宽、忽视历史、反对意见、联名上书、论争。

描述性资料（7）

1999 年的《北京旧城历史文化保护区保护和控制范围规划》（北京市人民政府京政发〔1999〕24 号）对鲜鱼口地区的主要特色做了如下描述：

> 鲜鱼口街位于前门大街东侧，隔前门大街与大栅栏街相对应。建于明代，清代始成规模，也是前门地区一条传统的商业街，至今仍有便宜坊烤鸭店、都一处烧卖店、兴华园浴池等多处老字号。鲜鱼口街往东的草厂三条至九条，是一个传统胡同和四合院区。该区的特点是：胡同为北京旧城中少见的南北走向；胡同密集，间隔仅约 30 米；四合院大门不是常见的南、北开门，而是东、西开门。鲜鱼口地区整个街区占地不大，但遗存的传统风貌甚浓。

2002 年《北京旧城 25 片历史文化保护区保护规划》对鲜鱼口有如下描述："鲜鱼口地区是北京著名的传统商业街区，鲜鱼口街东的草场三条至九条，有北京旧城中密集的南北走向胡同，是传统居民区。"

概括的资料碎片：

传统街巷胡同、四合院、城市改造、拆改、建筑风貌保护、现代化建设、交通拥堵、传统道路改造、道路拓宽、忽视历史。

1　满恒先：《消逝的不仅仅是门墩儿》，载《北京晚报》，2005 年 6 月 9 日。

（二）访谈笔记

访谈笔记（1）

时间：2006 年 9 月

地点：前门外大街东侧胡同

访谈对象：几位原住民

关于胡同拆迁的话题

"政府不是已经说不在北京旧城区继续进行大拆大建了吗？电视上也都播出了，到底算不算数呢？"

"鲜鱼口一带不是早就被划为历史文化保护区了吗？为什么还要拆？"

"不是说今后在老城区要实行微循环改造吗？为什么还搞大片的拆迁呢？"

概括的碎片资料：

传统街巷胡同、四合院、城市危改、整体布局、忽视历史、政府、开发商、拆迁公司、疏解原住民、反对意见、论争。

访谈笔记（2）

时间：2006 年 9 月

地点：前门外大街东侧兴隆街

访谈对象：一位面临拆迁的原住民（女），四十多岁

关于胡同拆迁的话题

"2005 年北京市就出新规定了，从今往后不再成片的拆迁了，说是要搞微循环，电视都播了，可眼下该怎么拆还怎么拆，好好的胡同全给拆完了，这叫微循环吗？"

"大伙都说了，干脆把坦克给开来，把胡同都推平算了，反正也没个老北京样了。"

她知道当年梁思成保护北京城的一些事情，也知道为保护北京胡同四处奔走的华新民女士，并表达了对他们的由衷敬佩。

概括的碎片资料：

传统街巷胡同、四合院、城市危改、拆迁、忽视历史、政府、疏解原住

民、快速发展、忽视特性、反对意见、论争。

访谈笔记（3）

时间：2006 年 9 月

地点：前门外大街东侧兴隆街

访谈对象：一位面临拆迁的原住民，五十多岁

关于胡同拆迁的话题

"我就是不想搬，胡同里住了几十年，故土难离呀。"

"我们一家在这住得好好的，50 平米房子实实在在的，怎么一危改我倒成困难户了？您瞧我这房有多好，用他们操心？"

"他们提出'人全搬走，地全铲平'，还到处挂出大标语，什么'保护古都风貌''保护文物'，给谁看呢？有一边拆一边保护的吗？真虚伪。"

概括的碎片资料：

传统街巷胡同、四合院、城市危改、拆迁、忽视历史、政府、疏解原住民、快速发展、忽视特性、建筑风貌保护、反对意见、论争。

访谈笔记（4）

时间：2004 年 10 月

地点：崇文门外上头条

访谈对象：祖孙二人

关于北京古建筑的话题

在拆迁区域一个刚被拆除的门楼前，一位七十多岁的老太太和一个 12 岁左右的小男孩在吃力地用铁锹扒拉渣土，询问后得知祖孙二人是在寻找掩埋于土中的砖雕，已经挑出来的几块放在脚边，虽已残缺不全，但他们仍很珍惜。老人对我说："看着这些砖雕被毁就心疼，哎！现在北京被拆得没了北京的样儿了。"她告诉我，她的这个孙子就喜欢老北京的东西。正说着，小男孩又挖出来一块砖雕，他手捧着兴奋地告诉我这个叫"半混"，是门楼上的装饰构件，位置在冰沿以上 3 公分。我随即问了他几个问题，他都对答如流，还告诉我这里的四条胡同都建于明朝万历年间。这小孩的古建知识和

对历史的了解有些让我吃惊。这时他奶奶捡起一小块砖头看了看说了句什么，随手扔到一边，小男孩马上说："您别扔，您判断不了，还是我看看吧。"老人边捡起那块砖头边笑着说，"哎，整天往家捡这些砖头瓦块。"貌似埋怨，话语中却透出几分疼爱和赞许。

概括的碎片资料：

传统街巷胡同、四合院、城市危改、拆迁、忽视历史、快速发展、忽视特性、建筑风貌保护、建筑雕饰、砖雕技艺、建筑规制、形式、色彩、材料、半混、冰盘檐。

访谈笔记（5）

时间：2006 年 8 月

地点：国家图书馆

访谈对象：王铭珍先生

关于古都文化的话题

王铭珍先生回忆，很多年前，他路过地安门修路工地时，曾捡到一块老城墙砖，砖上有"嘉靖 ×× 年 ×××××××"字样，他用自行车把砖拉回来，送给了历史学家单士元先生。直到单士元先生去世时，这块老城砖仍然摆放在他的桌子上。

概括的碎片资料：

城墙、城砖、建筑规制、形式、材料。

（三）媒体采访（中国青年报）

采访对象：华新民女士

关于北京传统街巷拆迁的话题

华新民在接受南小街拆迁问题的采访时提到："……南小街我很熟悉，小的时候我老去。那是很有人气的，比较窄，可能车走的满一点，但是两边的小商铺生意很兴隆。因为马路窄，过路的客流量是很大的，走过来，走过去，很方便。你如果一个大的宽马路，都是天桥，是吧，一个老人也不可能上到天桥过到那边去，干脆别买了，赶紧回家算了。还有很多，大家没有买东西的欲望。

有一个卖文具的店，我说一个具体的例子，我就问他，我说这个扩充马路以后，你卖东西卖得怎样？他说差多了。原来有过路的客人，现在只是小孩子下学的时候，到我这儿买点文具。"

她在谈到建设现代化国际大都市的话题时说："马路宽了，人气少了，汽车开得快了，商业氛围却没有了。……现代化的意义不是说把马路做宽，或者是盖成高楼……人家不认为我们因为保持了古城的古貌，就跟现代化有什么冲突，没有任何人这么认为。"[1]

概括的碎片资料：

传统街巷、城市危改、传统道路改造、交通拥堵、展宽、快速发展、忽视历史、缺少个性。

1　江菲：《怒对古都破坏者》，载《中国青年报》，2003 年 9 月 19 日。

（四）实地图像资料

实地图像资料（1）

初选的部分碎片资料：

城市肌理、建筑风貌、扩展旧城路网、传统道路改造

图片为蔡青、严师摄

实地图像资料（2）

初选的部分碎片资料：

城市危改、拆迁、政策

图片为蔡青、严师摄

实地图像资料（3）

初选的部分碎片资料：

油漆彩画

图片为蔡青、严师摄

实地图像资料（4）

初选的部分碎片资料：

规制、色彩、材料、数字、琉璃、红墙

图片为蔡青、严师摄

实地图像资料（5）

初选的部分碎片资料：

胡同门联儿

图片为蔡青、严师摄

实地图像资料（6）

初选的部分碎片资料：

胡同门联儿

图片为蔡青、严师摄

实地图像资料（7）

初选的部分碎片资料：

石雕

图片为蔡青、严师摄

实地图像资料（8）

初选的部分碎片资料：

石雕（胡同拾遗）

图片为蔡青、严师摄

实地图像资料（9）

初选的部分碎片资料：

石雕（胡同拾遗）

图片为蔡青、严师摄

实地图像资料（10）

初选的部分碎片资料：

砖雕

图片为蔡青、严师摄

实地图像资料（11）

初选的部分碎片资料：

砖雕

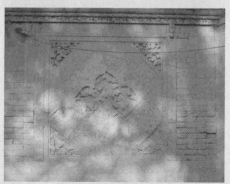

图片为蔡青、严师摄

实地图像资料（12）

初选的部分碎片资料：

木雕构件

图片为蔡青、严师摄

实地图像资料（13）

初选的部分碎片资料：

大门包叶

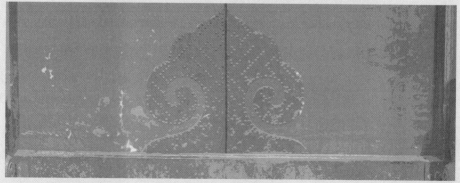

图片为蔡青、严师摄

实地图像资料（14）

初选的部分碎片资料：

大门包叶

图片为蔡青、严师摄

实地图像资料（15）

初选的部分碎片资料：

门环儿

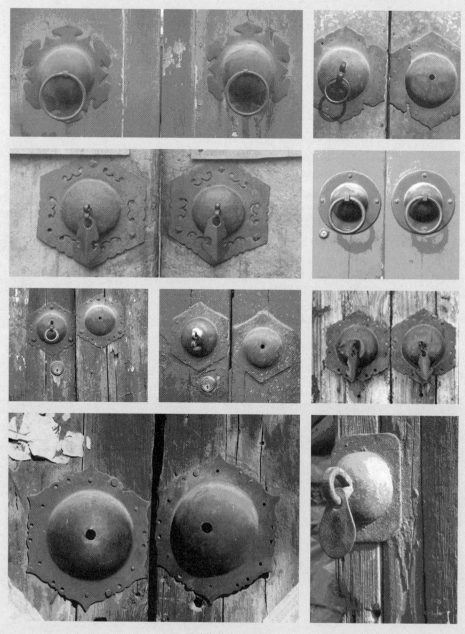

图片为蔡青、严师摄

实地图像资料（16）

初选的部分碎片资料：

门环儿

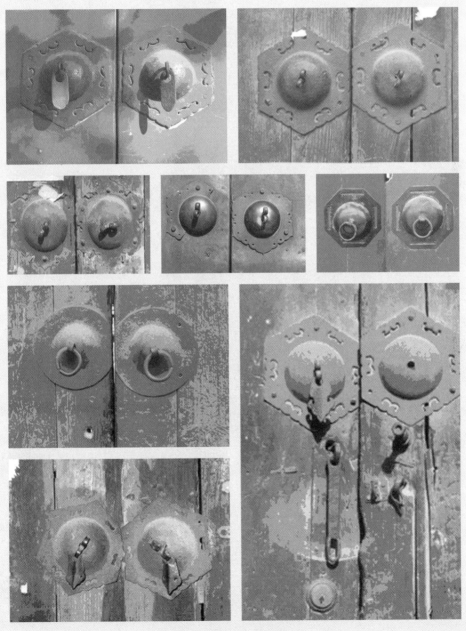

图片为蔡青、严师摄

实地图像资料（17）

初选的部分碎片资料：

门环儿

图片为蔡青、严师摄

实地图像资料（18）

初选的部分碎片资料：

门簪（木雕）

图片为蔡青、严师摄

实地图像资料（19）

初选的部分碎片资料：

门簪（木雕）

图片为蔡青、严师摄

实地图像资料（20）

初选的部分碎片资料：

门簪（木雕）

图片为蔡青、严师摄

实地图像资料（21）

初选的部分碎片资料：

通气孔、排水孔（砖雕、石雕）

图片为蔡青、严师摄

实地图像资料（22）

初选的部分碎片资料：

象眼（砖刻）

图片为蔡青、严师摄

实地图像资料（23）

初选的部分碎片资料：

异形建筑细部

图片为蔡青、严师摄

实地图像资料（24）

初选的部分碎片资料：

门枕石（门墩儿）

图片为蔡青、严师摄

在繁多的原始资料之间还需要进一步归纳出具有联系的资料概念，并体现在"关联式登录"中。需要强调的是，扎根理论的研究过程也是持续比较的过程，资料与资料之间、资料与资料概念之间、资料概念与资料概念之间都需要持续不断的比较、互动，只有这样才能提炼出相关的实质理论（概念类属）。

研究者理解原始资料时必然会带入自己的经验性知识，因而从资料中生成的理论必然是资料与研究者个人解释之间互动、整合的结果，资料、前人研究成果和研究者的前理解之间应该是一个三角互动的关系。

经过比较、归纳，我们得到了一些产生于原始资料的"资料概念"，在这些资料概念中，我们尝试建立起概念与概念之间意义上的联系。以"现代化国际大都市"为例，首先，可以将这个概念分解开，从"现代化""国际"和"大都市"几个方面分析其意义。如"现代化"是否只代表着快速发展、新理念、新技术、新材料、忽视特性、突破规划、城市危改、拆迁、抄袭、拿来主义、罔顾历史、忽略文化？"国际"是否只是国际招标、外国设计师、模仿、接轨、国际标准？ 而"大都市"是否就只意味着大规模、新奇设计、建筑高度、先进技术？而从概念与现实经验的联系来看，"现代化"是否也包含着历史文化内涵、城市意境、艺术品位？"国际"是否也应涵盖城市多样性、民族性格、地域文化特性、地缘艺术特征？"大都市"是否也需要艺术魅力、文化传承、乡愁、习俗、生活品性和民族情感？如果从城市设计的角度理解，"现代化国际大都市"似乎应该解读为"兼具传统与现代元素彰显新型艺术特性的城市"。

从上述分析看，"现代化国际大都市"作为一个"资料概念"不仅来源于原始资料，也与其他一些资料概念之间存在着不同程度的联系，研究这些关系的目的就是要通过对不同资料概念的比较，整合、归纳出实质理论。

这种比较应贯穿于研究的整个过程，将原始资料归到尽可能多的资料概念（分类属）下面，当所有类属关系都建立起来后，将有关概念类属进行比较、整合，同时分析它们之间的内在关系以及如何联系这些关系，继而由资料概念（分类属）生成尽可能多的实质理论（概念类属）。

表 9-3　从资料概念（分类属）到实质理论（概念类属）

实质理论（概念类属）	资料概念（分类属）
快速发展时期的特殊城市形态	城市规划、城市整体布局、城市风貌、国都观念、交通观念、经营城市、拆迁、快速发展、现代化国际大都市、政绩观、盲目建设、不同见解
多元观念导致城市特征不断褪变	现代化国际大都市、千城一面、非物质文化遗产、地缘文化、政治素养、等级、建筑特色
城市审美意识普遍化	生活艺术化、地缘文化、审美环境化、非物质文化遗产、民间技艺
城市景观审美意境化	城市景观文化、帝都风范、标志性古建筑、审美环境化
艺术形式化的城市生活模式	生活艺术化、民间技艺、传统风俗、非物质文化遗产、建筑装饰艺术、生活娱乐化
艺术化的城市品性	帝都风范、生活艺术化、生活娱乐化、城市风貌、地缘文化、标志性古建筑、审美环境化

资料来源：作者自制。

概念类属（实质理论）为我们勾勒出了一些初步的理论模式，但它们还须返回到原始资料进行验证，经过不断优化，使之更加准确、合理，当这些理论能够为我们解释绝大部分原始资料时，就可以被认为是合适的、正确的实质理论。

扎根理论的检核与评价标准可归纳为四点：

（1）概念应根植于原始资料，建立的理论可随时返回原始资料并能获取丰富的论证依据；

（2）理论中的概念应内容丰富、有较大密度，理论内部构成应有一定的差异性，有复杂的概念及其意义关系；

（3）理论中的概念与概念之间应有系统的关联，彼此紧密交织，构成一个联系的、统一的整体；

（4）有系统的概念联系的理论应具有很强的实用性，内涵丰富、解释力强、使用范围广，能够阐释更广泛的问题。

应该说，扎根理论的理论建构是一个不断发展的过程，具有时间性和地域性，涉及不同的对象，因此，建立起来的理论在实践中也还会不断遇到新的检验。

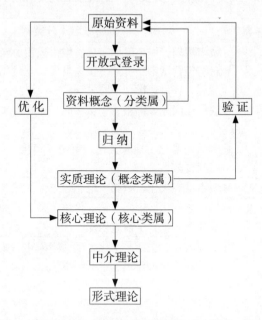

图 9-1   原始资料到形式理论的研究框架

由实质理论（概念类属）归纳出核心理论（核心类属）是本书运用扎根理论研究的重要一步，所谓"核心式登录"即在实质理论（概念类属）中生成一个核心理论（核心类属），与其他理论（类属）相比，核心理论（核心类属）应具有主导性，起到统筹的作用，能在一个比较宽泛的理论范围内囊括绝大部分研究结果。关于核心类属（核心理论）的特征，陈向明教授做过如下归纳：

（1）核心类属必须在所有类属中占据中心位置，比其他所有的类属都更加集中，与大多数类属之间存在意义关联，最有实力成为资料的核心；

（2）核心类属必须频繁地出现在资料中，或者说那些表现这个类属的内容必须最大频度地出现在资料中；它应该表现的是一个在资料中反复出现的、比较稳定的现象；

（3）核心类属应该很容易与其他类属发生关联，不牵强附会。核心类属与其他类属之间的关联在内容上应该非常丰富。由于核心类属与大多数类属相关，而且反复出现的次数比较多，因此，它应该比其他类属需要更多的时间才可能达到理论上的饱和；

（4）在实质理论中，一个核心类属应该比其他类属更加容易发展成为一个更具概括性的形式理论。在成为形式理论之前，研究者需要对有关资料进行仔细审查，在尽可能多的实质理论领域对该核心类属进行检测；

（5）随着核心类属被分析出来，理论便自然而然地往前发展了；

（6）核心类属允许在内部形成尽可能大的差异性。由于研究者在不断地对它的维度、属性、条件、后果和策略等进行登录，因此它的下属类属可能变得十分丰富、复杂。寻找内部差异是扎根理论的一个特点。[1]

基于上述特征，我们按照扎根理论的研究步骤在概念类属中归纳出核心类属。在分析资料的过程中，要不断对已提出的理论假设进行检验，这种检验应该是过程性的，贯穿于研究过程的。通过检验和比较，可以帮助我们排除那些关联不够紧密的类属（理论上薄弱的、关系不紧密的资料），而将那些对建构理论密切相关的类属（关系紧密的资料）有效地联系在一起。

表 9-4　实质理论（概念类属）的艺术内涵

实质理论（概念类属）	艺术内涵
快速发展时期的特殊城市形态	特殊形态（失去艺术意识）无序（无艺术规划） 发展乱象（缺少艺术主导） 围绕城市问题的论争（艺术属性与走向）
多元观念导致城市特征不断褪变	多元观念（缺少艺术主导理念） 观念模糊（城市艺术意识缺失） 特征（审美特色） 褪变（艺术形态弱化和艺术风范变异）

1　陈向明：《质的研究方法与社会科学研究》，教育科学出版社 2012 年版，第 334—335 页。

（续表）

实质理论（概念类属）	艺术内涵
城市审美意识普遍化	审美意识（艺术观念） 普遍化（艺术融于生活）
城市景观审美意境化	景观（艺术形态） 意境（审美意识和境界）
艺术形式化的城市生活模式	形式化（美学理念） 生活（品位） 模式（艺术观念）
艺术化的城市品性	品性（艺术风范、特色、情调）

在城市艺术范畴内归纳出实质理论（概念类属）的主要内质：

（1）艺术形态——艺术意识、艺术形式、审美意境；

（2）艺术品性——艺术观念、艺术品位、艺术特征、艺术风范。

在此基础上提炼出更具概括性的核心理论（核心类属）：

"城市形态与品性是艺术属性的表现形式"。

从实质理论到形式理论

关于从实质理论到形式理论的建构问题，陈向明教授指出："如果研究者希望建构形式理论，一定要首先在大量事实的基础上建构多个实质理论，然后再在这些实质理论的基础上建构形式理论。一个理论的密度不仅表现在其概括层次的多重性上、有关概念类属极其属性的相互关系上，而且在于这个理论内部所有的概括是否被合适地整合为一个整体。要使一个理论的内部构成获得统一性和谐调性，我们必须在不同的实质理论之间寻找相互关系，然后才能在此基础上建构一个统一的、概念密集的形式理论。形式理论不必只有一个单一的构成形式，可以涵盖许多不同的实质性理论。将其整合、浓缩、生成为一个整体。这种密集型的形式理论比那些单一的形式理论其内蕴更加丰富，可以为一个更为广泛的现象领域提供意义解释。"[1]

1　陈向明：《质的研究方法与社会科学研究》，教育科学出版社2012年版，第329页。

下列实质理论资料的关联性是建构统一的、概念密集的形式理论的基础：

表 9-5　实质理论（概念类属）资料的关联性

实质理论（概念类属）	资料的关联性
快速发展时期的特殊城市形态	传统规划、城市整体布局、国都观念、崇尚儒学、交通观念、怀旧、风貌、经营城市、危改拆迁、快速发展、崇洋、突破规划、现代化国际大都市、政绩、市场经济、盲目建设、千城一面
多元观念导致城市艺术特征不断褪变	传统规制、民族性格、本地风俗、建筑特色、艺术品位、地域特色、自得其乐、地缘文化、地域特色、政治见解、理性思维、崇洋、现代化国际大都市、突破规划、政绩观、市场经济、盲目建设、形象工程
城市审美意识普遍化	生活艺术化、生活娱乐化、民族性格、装饰文化、本地风俗、民间技艺、环境、审美意识
城市景观审美意境化	帝都风范、城市景观文化、装饰等级、标识性建筑、建筑精神、景观寓意、艺术品位、审美意识
艺术形式化的城市生活模式	生活艺术化、艺术生活化、娱乐性艺术、民间技艺、生活情趣、艺术性情、格调、等级、非物质文化遗产
艺术化的城市品性	象征、寓意、考究、自尊、格调、包容、清高、优雅、生活娱乐化、生活艺术化、艺术情趣、性情

基于这一概念分析原则，本书尝试在北京历史城区的概念范畴内归纳出一些联系密切、具有代表性的实质理论（概念类属），并据此进而推导出核心理论（核心类属）：

"城市形态与特性是艺术属性的表现形式。"

下面将其与传统研究方法建构的"核心理论"相互关联比较，经整合、归纳后，建构成一个统一的、概念密集的形式理论。

表 9-6   传统理论研究方法建构的城市设计初步理论及构成元素分析

初步理论	构成元素（类别）
城市艺术意识	城市、艺术、设计思想、美学意识
艺术主导城市设计	城市、艺术、设计观念、设计主导
城市艺术化	城市、艺术、设计理念、设计实践
城市艺术情境化	城市、艺术、情境状况、审美意识
城市艺境	城市、艺术、审美感受、美学意境
城市艺术形态	城市、艺术、形态意识、形式审美

经分析归纳，在城市艺术范畴提出"艺术主导设计、艺术化、艺术形态"等设计理念及"艺术情境化、艺境、艺术意识"等美学观念，并以这些初步理论为依据产生"核心理论"：

"艺术是决定城市设计性质的固有属性。"

将传统理论研究方法与扎根理论的研究进行对比。"自上而下"与"自下而上"的两种理论研究路线在进展到"核心"阶段时，在艺术路径上相遇。当我们关注扎根理论的"核心类属（核心理论）"与传统研究方法的"核心理论"之间的相互关联性，并对它们进行比较、归纳、整合，便可获得两种研究方法互证而产生的更为丰富、饱和的中介理论。（见图 9-2）

表 9-7   扎根理论建构的实质理论与传统研究方法建构的初步理论比较

	实质理论（扎根理论研究方法）（自下而上的理论建构）	初步理论（传统意义的研究方法）（自上而下的理论建构）
内容	快速发展时期的特殊城市形态 多元观念导致城市艺术特征不断褪变 城市审美意识普遍化 城市景观审美意境化 艺术形式化的城市生活模式 艺术化的城市品格	城市艺术意识 城市艺术主导设计 城市艺术化 城市艺术情境化 城市艺境 城市艺术形态
核心理论	城市形态与特性是艺术属性的表现形式	艺术是决定城市设计性质的固有属性

自上而下研究论证获得的"初步理论"与自下而上从资料中产生的"实质理论（概念类属）"的对比，不仅对城市设计论题的研究起到互证作用，

同时还证实了关于北京历史城区的研究论题既具有大理论的普适性、概括性，也具有解释性理论的独特性和地域性。

二者结合产生更加饱和的中介理论：

"艺术是城市设计体系固有的决定其性质、形式和特性的属性"

最后获得形式理论：

"艺术是城市设计的根本属性。"

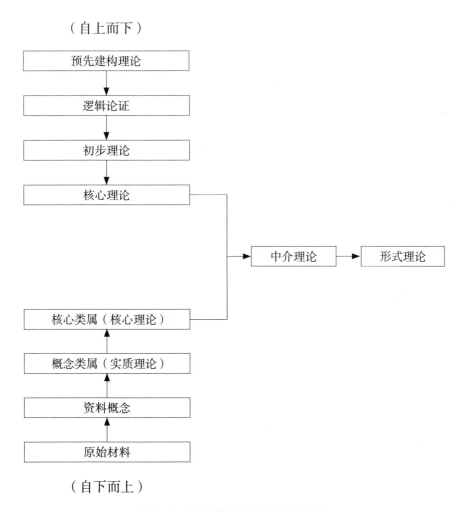

图 9-2　两种理论建构方法的比较与整合

本章小结

本章借鉴"扎根理论"（"质的研究方法"的分支）的研究方法对城市设计的属性进行研究，事先没有理论假设，直接从收集的城市原始资料中产生概念，经归纳、分析概念间的联系，自下而上地进行理论建构，并通过与传统方法的对比、互证，最后获得形式理论。研究对象虽属北京历史城区，关注的范畴却是此类城市。

第十章　城市文化多样性与艺术核心原则

文化多样性与西特的城市艺术原则

文化多样性是人类文明生命力的根源所在，人类社会的文化多样性就如同生物界的生物多样性一样，都是不可缺少的构成因素。联合国教科文组织提出"捍卫文化多样性是伦理方面的迫切需要，与尊重人的尊严是密不可分的。"[1]将文化多样性与人的尊严联系在一起，认为保护文化多样性就是对"人"的尊重。借此，文化多样性已不仅是针对"物"，还代表着人类历史长河中延续下来的"生命"形式。

十九世纪末，工业革命迅猛发展，在经济与技术为城市带来新的生活方式时，也带来了新的问题。经济与技术快速发展产生的社会矛盾最终使设计的天平倒向以功能主义为基础的现代主义城市设计理论。基于这种状况，奥地利建筑师卡米诺·西特（Camillo Sitte，1843—1903）在其著作《城市建设艺术：遵循艺术原则进行城市建设》[2]一书中提出应从美学的角度看待城市问题，即关注城市空间的视觉艺术感染力，而不只是将城市视为一个聚集各种复杂机能与社会矛盾的综合体。西特看待城市的视角及理论都与强调新技

1　联合国教科文组织（UNESCO）：《世界文化多样性宣言》，2001 年。

2　〔奥〕卡米诺·西特：《城市建设艺术：遵循艺术原则进行城市建设》，查尔斯·斯图尔特英译，仲德昆译，齐康校对，东南大学出版社 1990 年版。

术、新需求及功能主义的现代主义新城市观念形成鲜明的对立。他主张回看历史，在传统的城市空间中获得灵感，在考察大量欧洲中世纪城市环境后，提出了适应当时条件的城市设计艺术原则，以城市艺术的特色和丰富性体现城市文化的多样性。

针对城市设计中的复古和模仿现象，西特在"现代城市规划的艺术贫乏和平庸无奇特征"一章中指出："在城市建设艺术与其他艺术（包括建筑）的发展之间存在着令人惊奇的差异。城市建设始终我行我素，无视周围的一切。……雷根斯堡（Regensburg）的忠烈祠（Walhalla）是对希腊神庙的仿造。慕尼黑建造了一个兰西廊（Loggia）的现代复制品。……现代城市规划师成了艺术领域的贫儿，他只能在过去的艺术财富旁边建造沉闷不堪的成排房屋和令人厌烦的'方盒子'。我们由于城市如此缺乏艺术感染力而迷惘"。[1]对于城市的发展与新的城市建设，西特的原则是在遵循传统城市空间艺术特色的基础上，塑造出有趣、愉悦、变化丰富的新城市艺术空间。"连续性"是西特最重要的艺术理念之一，他注重城市建筑体量、形态与相互位置的连续性，反对缺乏紧密联系的城市设计，认为对传统城市最重要的是要维护其完整、统一的艺术空间。他认为，"现代城市建设完全颠倒了建筑物与室外空间之间的适当关系。在过去的时代，室外空间——街道和广场——设计得具有封闭特征以取得某一特定的效果。今天，我们通常是先划出建筑基地，任意留下的地盘作为街道和广场。"[2]西特注重的其实就是城市的艺术环境。

自二十世纪末以来，中国经济的快速发展使城市艺术环境同样面临日益严重的问题，"全球化"与"地方性"的不同文化价值观也不断引发"文明"的冲突。承载历史文化内涵的城市艺术环境更是面临巨大的挑战。城市艺术是人类历史价值的体现，是城市长期发展的累积，世界上具有长久生命力的城市无不是以艺术为设计原则的作品。在今天，当我们很难设定任何规则去解决新时期面临的城市设计问题时，在艺术范畴内统筹规划城市无疑是一个

1　〔奥〕卡米诺·西特：《城市建设艺术：遵循艺术原则进行城市建设》，查尔斯·斯图尔特英译，仲德昆译，齐康校对，东南大学出版社1990年版，第54页。
2　同上书，第57页。

正确的选择。

城市的发展具有自组织演化的特征，其构成的复合性决定了其形态表现的多样性特点。简·雅各布斯（Jane Jacobs）在其代表作《美国大城市的死与生》中说，"城市是由无数个不同的部分组成的，各个部分也表现出无穷的多样化。大城市的多样化是自然天成的"。[1]并认为，简单地视传统城市的多样性为无秩序、无规律的观点是"反城市的"。雅各布斯倡导的城市生活多样化构成了多彩的艺术化城市，也正是由于艺术的核心性为我们带来了无数多彩的城市风貌。

2001年11月的《世界文化多样性宣言》（以下简称《宣言》）[2]和2005年10月的《保护文化多样性国际公约》（以下简称《公约》）[3]在联合国教科文组织大会上顺利通过。《宣言》重申了不同文化间的对话是和平的最佳保证的信念，将文化多样性视为"人类的共同遗产"。《公约》也提出了部分要点：

> 确认文化多样性是人类的一项基本特性。
>
> 认识到文化多样性是人类的共同遗产，应当为了全人类的利益对其加以珍爱和维护。
>
> 意识到文化多样性创造了一个多姿多彩的世界，它使人类有了更多的选择。
>
> 考虑到文化在不同时间和空间具有多样性，这种多样性体现为人类各民族和各社会文化特征和文化表现形式的独特性和多元性。
>
> 认识到文化表现形式，包括传统文化表现形式的多样性，是个人和各民族能够表达并同他人分享自己的思想和价值观的重要因素。[4]

1　〔美〕简·雅各布斯：《美国大城市的死与生》，金衡山译，译林出版社2012年版，第143页。

2　2001年11月2日，联合国教科文组织（UNESCO）巴黎总部第31届大会通过了《世界文化多样性宣言》。

3　2005年10月3日—21日，在巴黎举行的联合国教科文组织第33届会议上通过了《保护文化多样性国际公约》。

4　同上。

　　《宣言》与《公约》反映了各成员国对世界上不同国家和地区文化多样性和文化差异性现象的认同与反思，而且在对文化"多样性"概念的认识上与西特的"连续性"城市建设艺术原则具有相同的文化内涵。

　　回看西特的城市建设理论，在赞同其艺术原则的同时，也看到对城市发展中不断产生的各种现实的城市功能问题关注的不足。"今天的建筑师与城市规划者们已经意识到，西特的艺术原则与这一问题之间并非无法调和，而将两者结合起来则有可能塑造出能够满足当代城市发展需求，同时也兼具趣味性与丰富性的城市空间"。[1]

　　亚瑟·霍尔登（Arthur C. Holden）在谈到西特艺术原则的意义时认为，"西特的著作对今天的及时性仍是毫无疑问的。我们准备承认在管理我们的大都市、甚至较小城市的方式方面犯了某种根本性的错误。……我们最大的错误是从未意识到铸成我们命运的管理方式和根据。我们过分天真地相信爆炸性的扩展是城市发展的自然过程"。[2] 美国在高速发展阶段，城市的扩展主要依赖出卖建筑用地，将土地和住宅视为商品交换的观念，使城市设计服从于各种功能需求，如分区法规在建立私人住宅保护性红线的同时，对城市空间设计也造成了严重损害。已发生了错误的现实使人们对西特的艺术原则有了更进一步的认识，如西特对广场设计有很多论述，他反对"巨大的"广场，其理念主要在于认为巨大的广场会使周边建筑的体量显得更加矮小，强调人的视觉对于城市环境的需要。

　　西特的艺术对比原则对于今天体量不断扩大的城市现实仍然适用，其城市空间"连续性"的理论仍可作为城市设计的重要艺术原则之一。在欧洲近现代城市规划设计与更新改造中，西特的城市艺术原则也逐渐得到越来越多的认可。

1　王贵祥主编：《艺术学经典文献导读书系（建筑卷）》，北京师范大学出版社 2012 年版。
2　摘自亚瑟·霍尔登为《城市建设艺术：遵循艺术原则进行城市建设》一书 1945 年英译本所作补充章"西特的艺术原则在今天的意义"。

世界城市环境发展的多样性与艺术核心原则

《世界文化多样性宣言》与《保护文化多样性国际公约》不仅是各成员国对世界文化多样性和文化差异性的认同，也是对历史城市规划设计与建设实践的思考与总结。在城市发展中，很多国家越来越重视对城市传统文化的保护，为避免城市文脉受到损害，采取了有选择、有保留、有重点的逐步更新策略，而不是在历史城区大拆大建。1970 年，西欧各国成立了"城市街区和纪念物保护委员会"，城市文化保护也因此进入了一个新的时期。

以下三个重要文件展现了从建筑保护到城市保护的发展历程。

1964 年，《保护文物建筑及历史地段的国际宪章》[1] 在威尼斯通过，宪章指出：必须利用一切科学技术来保护和修复文物建筑，保护一座文物建筑，还意味着要适当地保护一个环境。

1976 年，在内罗毕通过了《关于保护历史的或传统的建筑群及他们在现代生活中的地位的建议》[2]，并指出传统建筑群早已成为人们日常生活环境的一部分，它不仅承载着历史，还展示出社会生活的丰富性和多样性。通过鉴定、维护、修缮、保存、复生、维持传统建筑群及环境，使它们重新获得活力。

1987 年，在华盛顿通过了《保护历史性城市的国际宪章》（以下简称《宪章》）[3]，《宪章》的问世表明保护的范围已从传统建筑转为整个历史城市。强调保护旧城区的格局、建筑物之间的空间、建筑物与环境的空间以及历史城市与自然景观和人文景观的关系。

联合国教科文组织的工作和一系列章程，使历史城市保护观念逐渐科学化和普及化，在世界范围内形成了广泛、统一的认识，并涌现了一批城市历史文化与艺术环境保护的典范。

1　联合国教科文组织：《保护文物建筑及历史地段的国际宪章》，威尼斯，1964 年。
2　联合国教科文组织：《关于保护历史的或传统的建筑群及他们在现代生活中的地位的建议》，内罗毕，1976 年。
3　联合国教科文组织：《保护历史性城市的国际宪章》，华盛顿，1987 年。

1. 巴黎

法国首都巴黎是有两千多年建城史和一千四百多年建都史的古城，这座历史城市不仅保留着大量世界闻名的传统城市艺术，还有许多与古城风貌协调的现代城市艺术元素，因而有"艺术之都"的美誉。

早在十九世纪中叶的法兰西第二帝国时期，拿破仑任命的奥斯曼男爵主政巴黎，当时即提出"将巴黎改造为世界最美的国都"的明确目标。在这个艺术原则的主导下，不到 20 年，这座城市的环境就发生了巨大的变化，不仅城市布局、建筑物立面与高度、屋顶与阳台等都有严格的规划设计，而且还开辟了长达 90 公里的林荫大道及 1934 公顷的绿化空间。奥斯曼男爵的这些举措不仅改变了巴黎的空间尺度，建构了巴黎特有的都市风范，由此而产生的巨大影响力也使巴黎成为当时西方城市的艺术典范。

1913 年，法国制定了《历史性纪念物保护法》；1931 年又出台了《景观保护法》，规定被保护的纪念性建筑物周边 500 米以内任何建筑及空间环境的改变都必须得到管理部门的批准；1962 年，法国政府又编制了《保护地区法》，要求保护性地区都要制定长期的总体规划。至此，法国的保护政策已形成了一个初步的体系。

1977 年，按照改建规划，巴黎市区将划分出两个圈，内圈是旧城的核心保护区，保持十九世纪的传统城市风貌。外圈分为三类区：一类区，保存有艺术文化价值的城市街坊；二类区，维持居住功能，适度更新；三类区，可根据发展需要改变现有建筑。[见图 10-1（1）、图 10-1（2）]

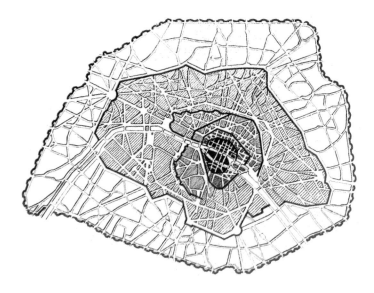

图 10-1（1） 巴黎城市规划平面图

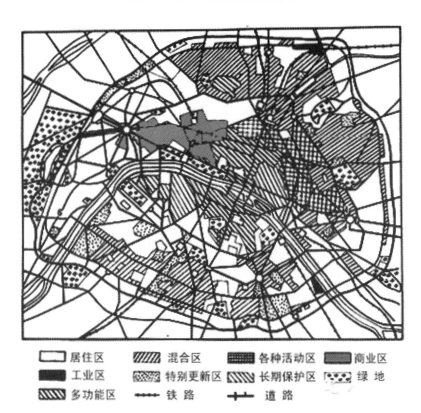

☐ 居住区	▨ 混合区	▤ 各种活动区	■ 商业区
■ 工业区	▨ 特别更新区	▨ 长期保护区	⋯ 绿 地
▨ 多功能区	⊷ 铁 路	✛ 道 路	

图 10-1（2） 巴黎市区规划示意图

1991 年巴黎市政府编制了体现可持续发展思想的《巴黎建设约章》（以下简称《约章》），针对环境保护、经济发展等与市民生活相关的问题，邀集市民、社会团体、学术界及宗教界代表共同讨论，为《约章》提出修改意见，同时开展全市性的民意调查，并由政府和民间人士组成协调委员会。巴黎作为国际大都市，将其长远规划理念定位于"均衡发展"，包括新旧城市建筑的均衡发展、城市空间环境的均衡发展、城市生活功能的均衡发展和城市交通的均衡发展。在城市大环境方面，塞纳河水岸的整治、连接两座新公园的 12 公里散步道、圣马丁运河沿线及游艇河港的绿化等一系列开放空间的建设，成为市政府提升都市艺术形象的重要举措。而对城市节点及街区的环境改造也以法式的空间特色为艺术设计主旨。［见图 10-1（3）］

图 10-1（3）巴黎街区

巴黎的两个圈规划理念清晰明确，旧城的核心区因此得到了有效保护。对比之下，同为大都市的北京在城市保护方面始终缺少这种清晰明确的界定。二十世纪五十年代初的《梁陈方案》从旧城的整体保护出发，曾提出过分设新、旧城区的城市发展理念，意在将北京旧城作为一件艺术品进行整体保护，维持其艺术的完整性。在失去这次整体保护的机会以后，北京就再也没有出现过明确、完整的城市保护方案。

在 1999 年 3 月 22 日的首都规划建设委员会上，北京市审议并原则通过了《北京市中心地区控制性详细规划》和《北京市旧城历史文化保护区保护和控制范围规划》，在北京旧城区内划定 25 片历史文化保护区，约 558 万平方米。而此时，北京旧城危改已历时 8 年，拆除房屋约 360 万平方米。［见

图 10-1（4）]

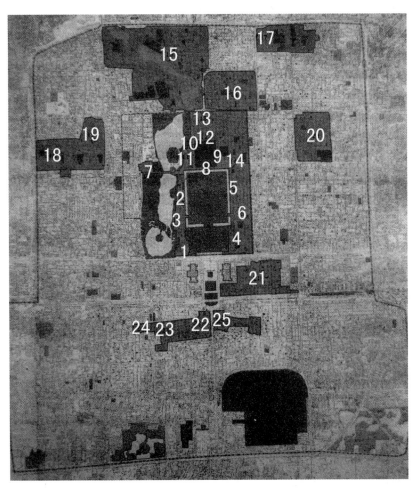

图 10-1（4）　北京旧城 25 片历史文化保护区分布图（1999 年）

资料来源：北京规划建设编辑部，《北京规划建设》杂志，2001 年第 1 期。

1	南山街	6	东华门大街	11	陟山门街	16	南锣鼓巷	21	东交民巷
2	北长街	7	文津街	12	景山后街	17	国子监地区	22	大栅栏地区
3	西华门大街	8	景山前街	13	地安门内大街	18	阜成门大街	23	东琉璃厂
4	南池子	9	景山东街	14	五四大街	19	西四北一条至八条	24	西琉璃厂
5	北池子	10	景山西街	15	什刹海地区	20	东四三条到八条	25	鲜鱼口地区

　　由于北京旧城区确定的 25 片历史文化保护区各不相连，处于分离状态，因此也就不可能像巴黎设定旧城内圈核心保护区那样整体保护传统城市风貌。

2. 圣地亚哥

同为历史城市的西班牙圣地亚哥则是欧洲历史与宗教结合的古城艺术典范，1985 年被列为世界文化遗产。联合国教科文组织对圣地亚哥的评价为："圣地亚哥毋庸置疑是一处人类遗产，由于这座城市的完整性和纪念性，使其具有特定的世界遗产价值。"

这座经历了几个世纪的古老城市，以圣地亚哥大教堂为中心，汇集了罗马式、哥特式及巴洛克式的建筑，城中遍布中世纪的古老道路、教堂、修道院、博物馆以及广场（有 5 个广场环绕大教堂，其中的"武器（Obradoiro）广场"被誉为欧洲最美的广场之一），这些历经岁月磨砺的石质建筑将整座城市构筑成一件精美的石雕艺术品，这座古老的城市也因此被誉为"艺术纪念馆"。

像世界上任何一座历史城市一样，二十世纪八十年代，圣地亚哥也遇到过很多难以避免的城市问题，辉煌、厚重的历史似乎成了城市持续发展的负担：一些历史建筑的废弃、40% 的房屋需要修缮、传统建筑的内部质量问题、交通堵塞⋯⋯针对这些问题，圣地亚哥采取了既回看历史又放眼未来的城市发展策略，在持续发展的理念下，首先充分认识历史城市的艺术价值，并以此为基础探索新的城市发展模式。圣地亚哥的发展模式有三条主线：

（1）历史城市的保护

对城区建筑物整体修缮，改造城市设施和绿化环境，以新的步行方式促进历史城市的持续发展。

（2）城市的整体发展

在不影响历史城市环境文化积淀的条件下，通过构建一些新的标志性建筑，从公共环境艺术层面提升区域文化品质和生活品质，延续城市文化。

（3）城市文明的演进

通过城市改造促进城市文明发展，注重文化和精神领域的宗教内涵，发挥文化环境的作用，恢复城市原有的影响力和历史地位。

从圣地亚哥的发展模式看，无论城市文化内涵的持续发展，还是文化遗产与经济协调发展，最终目的都是为了城市遗产保护与改善市民的生活条件。

圣地亚哥市立足艺术视角的历史街区保护与改造理念：

——历史中心城区的恢复，要从整座城市甚至更大的地域环境来考虑，并考虑到他们在未来发展中的关系。

——构成历史性街区的建筑物，并不见得本身都具有独特的建筑艺术价值，但也应因其有机的整体性，独具一格的体量，和他们在技术方面、空间方面、装饰方面和蕴含的特征而受到保护。因为这些特征都是一座城市肌理统一的不可替代的因素。

——保存和修缮文物，旨在既保护艺术品又保护历史的见证，……应禁止改变建筑物或历史景点赖以保存到今天的周围环境和其他条件。

——修缮的目的在于保存和展示某个文物的历史和美学价值，应立足于尊重文物的古旧部分和体现其真实性的部分。

——传统建筑体系的连续性，以及伴随传统建筑遗产的行当和记忆，是体现这种遗产的本质性的东西，至关重要。这些记忆应得到保存，并通过培养匠人而一代代传承下去。

——历史景观区的新建筑应在建筑空间布局和环境方面与原有建筑相协调。为此目的，每项新建筑事先都应分析研究，分析不只是确定建筑物的特性，还应该分析其中包括建筑高度、颜色、建筑材质极其形式，与已有建筑和周围空间体量上的关系，及以何种方式迁入建筑群。

——任何添加建筑都应服从已形成的建筑空间布局，特别是地块的分隔、体积、层次区分。

——如引入现代形式的建筑并不致影响整个景区的和谐美，那么新建筑就会为之增色。[1]

圣地亚哥的城市发展思路，不仅具有保护历史街区的积极理念，也体

1　林志宏：《世界遗产与历史城市》，台湾商务印书馆 2010 年版，第 180—181 页。

现出一种持续发展的思维模式；既立足于传统城市建筑和历史街区艺术性的保护，也注重保持整体城市艺术风貌；在研究传统建筑与艺术环境修复的同时，也为新的现代建筑提供了与历史城市和谐相处的舞台。[见图10-2（1）、图10-2（2）]

图10-2（1）　圣城圣地亚哥　　　　　　图10-2（2）　圣地亚哥市鸟瞰

联合国教科文组织世界遗产研究中心专员林志宏先生认为，现代的优秀建筑，需要通过自己没做什么而不是做了什么、通过尊重和适应环境、通过表明自己属于当代来展示自我。他在《世界遗产与历史城市》一书中认为："当代的最佳建筑，正是表示了对历史的最大尊重。最好的建筑总是会与周围环境（不管这环境是天然的或建成物）相适应，与时代相适应。这种适应，是通过合适的建筑体量和建材获得，而非喧宾夺主，脱离周围环境；是通过烘托真正属于历史遗产的建筑物，而非与之混同或与之冲突；既不是凭空臆造一个虚无的过去，也不是一味地重复过去的建筑体系和空间。"[1]

圣地亚哥的城市保护与改造不仅形成了系统的理念，还体现在城市建造工艺方面，他们认识到，城市艺术元素的保护固然重要，但创造这些艺术的传统技能的留存才是城市艺术持续发展的真正保障，城市艺术的复兴需要专业技术的创新。为此，圣地亚哥设立了专业的技术学校，聘请资深工匠传授传统技艺，为未来城市的发展培养、储备建设和维修人才。

1　林志宏：《世界遗产与历史城市》，台湾商务印书馆2010年版，第185页。

根据圣地亚哥的城市发展特性，不妨将其定位于"以艺术技能传承城市文化"。

现在，世界很多传统建筑技艺都已失传，长此以往，必将导致传统建筑艺术的消失。圣地亚哥正是意识到传统建筑技术的艺术价值，意识到专业技术的培训对城市建筑艺术持续发展的重要性，并通过传统建筑技术的传承与创新，以自身的文化和艺术创造力成为历史城市稳定、和谐、持续发展的典范。

3. 布达佩斯

布达佩斯是匈牙利第一大城市，也是欧洲的著名古城之一，至今仍保持着二十世纪初的中心城区风貌。

第二次世界大战后，布达佩斯的恢复性建设依然延续了原来的城市风格。

作为一座历史城市，布达佩斯同样遇到了社会发展带来的诸多城市问题，如房屋破旧、交通拥堵、人口老龄化等。根据布达佩斯的城市状况以及匈牙利国家建筑会议精神，布达佩斯市政府决定在遵循传统格局的原则下对城市进行修缮与改建，城市建设的指导思想主要有两个方面：（1）提高和改善居民住宅的质量；（2）保护原有建筑物的美学价值和历史价值。

布达佩斯的城市建设发展基本理念是：保持古老的城市格局；保持传统建筑物的艺术外观；保持不同历史时期建筑形成的城市风貌。布达佩斯市政府规定，对所有修缮与改建的城市构筑物必须预先确定以后的用途，如恢复它们原有的使用功能和艺术风貌，或根据城市发展的需求，在艺术原则的指导下将建筑物的底层纳入步行街区的统一规划。

布达佩斯的具体城市改造方法主要有两种，一种是由政府出资，将居民搬迁后对建筑物改建，产权归国家所有；比较普遍采用的第二种方法是将改建项目委托一个专业部门，由其负责整体规划设计，制定城市建筑物鉴定、拆除、修缮、改建等工作的计划和要求。修缮、改建的费用由市民承担，住宅改建后允许出售。虽然城市改造的具体实施者最终落实到了市民身上，但每一个项目的具体改建、修缮方案都必须严格遵守专业部门制定的规范，完

工后的实际效果必须符合专业部门的统一规划。(见图 10-3)

图 10-3 布达佩斯街景   郭晓明摄

布达佩斯市民能够出资依照传统形式修缮房屋,主要是看到了政府坚持城市传统艺术原则的一贯政策,切身感受到了这一政策带来的好处——既提高和改善了居民住宅的质量,又保护了城市的传统艺术风貌和原有建筑的美学价值。

关于城市传统民居建筑的修缮与维护,世界上很多城市在总结改造经验时都曾提到,城市居民在修缮自住房屋时,常会遇到很多城市管理和政策限制方面的问题,要使城市建筑的修缮进入良性循环的发展状态,首先必须打消房屋居住者的种种担忧,提升居民对建筑维修的积极性,这是对城市艺术环境最有效的保护措施。

相比之下,同为历史城市的北京在城市保护上始终缺少一种清晰的理念。尽管长期以这座古城的艺术价值为傲,也屡有保护政策出台,保护古都风貌也早已成为挂在嘴边的口号,但以提高和改善居民住宅质量为前提的大规模旧城危改所带来的负面影响还是不断加剧人们的忧虑。

2004 年,北京市国土房管局、市地税局联合下发了《关于鼓励单位和个人购买北京旧城历史文化保护四合院等房屋的试行规定》对四合院的购买者几乎取消了身份限制，意在吸引民间资金投入到传统城市的建设中来。但由于政策执行不严谨、城市规划屡遭突破，以及旧城危改中一些对房屋产权不够尊重的现象，直接导致了人们对投资修缮房屋的担忧和观望态度。

2014年3月，在研究旧城改造、修缮保护问题的会议上，与会政协委员和专家学者对历史文化街区的民生改善提出了六点建议，认为产权的市场化改革是城市街区复兴的前提，应从战略的高度，以发展的眼光看待产权改革。

4. 圣彼得堡（列宁格勒）

圣彼得堡是俄罗斯历史城市的代表，不仅具有独特的城市空间环境和城市建筑，遗产地区的规模和尺度也是世界上独一无二的。1990年，圣彼得堡历史中心区及相关文物古迹纳入世界文化遗产名录，主要包括约4000处建筑、文化、历史类的城市古迹构成的36个综合项目。

这座具有三百多年历史的古城，不仅是昔日沙俄时期的国都，更是一座艺术化的城市。在圣彼得堡，美无处不在，设计艺术触目可及，建筑、雕塑、园林、桥梁无不展示着古城悠久的历史文化与独特的艺术气质，就连灯柱、河边护栏、窗栏、阳台、门罩、商业招牌、休闲座椅、垃圾桶、自行车停靠架等城市的细节也都浸透着艺术的魅力。［见图10-4（1）至图10-4（5）］

图10-4（1）　圣彼得堡色彩鲜艳、明快的"城市家具"　严师摄

图 10-4（2） 圣彼得堡具有艺术风范的沿河护栏   蔡青摄

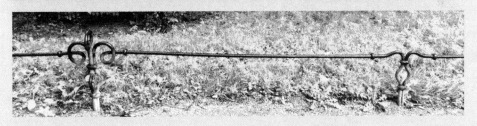

图 10-4（3） 圣彼得堡艺术护栏 蔡青摄

图 10-4（4）　圣彼得堡艺术化的"城市家具"　严师摄

图 10-4（5） 圣彼得堡艺术化的城市铁艺装饰 严师摄

圣彼得堡汇集了欧洲各个时期的建筑艺术风格，包括548座宫殿、教堂等大型建筑及庭院，32座纪念碑，五十多所博物馆，137处园林，以及众多的桥梁、雕塑等，集聚了古典主义风格、帝国风格、巴洛克风格、浪漫主义风格、折中主义风格、现代风格等，多样性的建筑艺术使圣彼得堡呈现丰富而和谐的城市面貌，有"地上博物馆"之称。

十九世纪，唯美的古典主义建筑风格在圣彼得堡盛行，从而形成自己特有的城市艺术基调。1842—1843年，圣彼得堡开始禁止建造同一类型的建筑（古典主义），要求城市建筑具有不同的风格、类型和色彩。1855年，沙皇发布命令，规定城市主要街道建筑的立面设计方案必须呈交沙皇亲自审定，正是这种最高统治者的强力参与和对各类建筑形式的广泛接纳，使这座国都呈现独特的"圣彼得堡式"的风格。[见图10-4（6）至图10-4（9）]

图10-4（6）　圣彼得堡的传统街区及建筑　严师摄

图 10-4（7） 圣彼得堡传统城市风貌 严师摄

图 10-4（8）　圣彼得堡传统街区　严师摄

图 10-4（9）　圣彼得堡传统城市风貌及建筑装饰　　严师摄

　　雕塑同样是圣彼得堡城市艺术的一个主要部分，这些雕塑包括纪念性、装饰性、娱乐性等类型，不仅代表着民族历史文脉和城市发展历程，同时也体现出城市的个性和艺术魅力，圣彼得堡具有纪念意义的城市主题雕塑主要有：亚历山大纪念柱、青铜骑士像、普希金像、尼古拉一世像、库图佐夫像、列宁像等。[见图 10-4（10）至图 10-4（13）]而大部分装饰性雕塑则以建筑细部的面目出现，它们将雕塑艺术与建筑艺术完美地融为一体，这些建筑细部的艺术装饰蕴含着丰富的城市文化内涵。

图 10-4（10）　圣彼得堡城市艺术雕塑　严师摄

图 10-4（11） 圣彼得堡城市艺术雕塑 严师摄

图 10-4（12） 圣彼得堡建筑装饰　严师摄

在苏联成立之初，实用主义政策曾使大量的教堂和修道院被拆除和改造。

1933 年，政府对城市文化遗产的观念有所转变，通过了《关于保护历史文物》和《关于保护建筑文物》的决议。1934 年编制《列宁格勒规划设计方案》；1938—1939 年编制《列宁格勒森林、公园区域规划方案》；1948 年编制《列宁格勒城市总体复兴方案》；1956 年编制《1959—1965 年间居民建筑、文化及生活建筑、公共建筑分布规划》；1966 年编制《列宁格勒周边地区规划方案》。城市发展模式逐渐从粗放型转向精细型。

1976 年，最高苏维埃以法律的形式颁布《历史文物古迹的保护和利用》城市古迹保护范围不仅包括单体建筑物和构筑物，还包括了建筑群、建筑综合体、街道、广场、园林及自然景观等。

政府在旧城改造中提出不应仅把文物古迹看做怀旧或记录历史辉煌的证物，还应将其看作是反映现代生活的一种现象，并为最大限度地保护历史遗迹，制订了严格的规划和修复程序。[1]

在列宁格勒市区及周边地区 20 年（1985—2005）总体规划中，明确了这座城市的发展方向，将历史建筑作为保护重点，并第一次在城市中心确定了"联合保护区"，并在保护区划定过程中引入"保护对象"概念。

"联合保护区"和"保护对象"的城市保护概念在圣彼得堡城市遗产保护实践中得到了有效诠释。联合保护区是圣彼得堡历史中心区艺术文化遗产保护的重要措施，在联合保护区中必须严格执行该区特有的城市规章制度，这些规章制度是专门为整体保护圣彼得堡中心城区历史环境而制定的。保护对象的确定同样是圣彼得堡历史环境整体保护的一个重要内容，圣彼得堡世界遗产项目的保护对象如下：

（1）全景与能够领略大涅瓦河的风景，能展示完整风貌和绝佳景观的观赏点；

（2）背景建筑与天际线的整体关系；

（3）建筑群的整体特征和整体性价值。

1　〔苏〕别洛乌索夫主编：《苏联城市规划设计手册》，詹可生、王仲译，中国建筑工业出版社 1984 年版。

　　根据圣彼得堡城市建设规定，在世界遗产项目的保护区内，禁止改变历史街区的格局和沿街建筑物立面，严格限制改造各类具有历史文化价值的城市元素。

　　1988 年确定的圣彼得堡历史中心区由其核心部分和周边地区构成，历史中心区核心部分面积约 1236 公顷（包含世界文化遗产项目保护范围用地）；历史中心区核心部分周边地区是与中心区重要历史建筑群和城市综合体密切相关的地区。目前这类地区面积约 2041 公顷。两部分共计 3277 公顷（包含世界文化遗产项目的缓冲区）。[见图 10-4（13）]

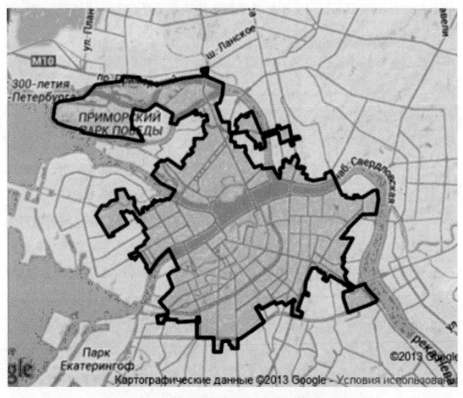

图 10-4（13）　1988 年确定的圣彼得堡联合保护区范围示意图

　　1991 年，苏联政府又签署了对列宁格勒（圣彼得堡）中心历史城区修复改造的特别协议。

　　为庆祝圣彼得堡建城 300 周年，政府共投入三十多万美元对城市建筑、桥梁、河道等进行大规模修缮和改造，主要街道的建筑物都要遵从外部修缮、内部改造的方案进行施工。众多政府、军队机构和工厂迁出历史城区，新开放了五十多个历史景点，圣彼得堡又展现出十八、十九世纪辉煌的古典主义城市风貌。

为有效地保护圣彼得堡中心城区整体历史环境，圣彼得堡的建筑物在申请改造之前，必须先对其自身状况进行全方位评估和考察，建筑物的评估考察内容包括：

（1）建筑物目前状况评估考察；

（2）建筑物日常维修状况评估考察；

（3）建筑物承重结构状况评估考察；

（4）建筑改建、修复前的工程状况评估考察；

（5）建筑物危险程度评估考察；

（6）建筑物建设过程评估考察；

（7）建筑物管道状况评估考察；

（8）擅自建造建筑部分的考察；

（9）建筑物煤气、自来水、下水管道状况的评估考察；

（10）工程法律程序的评估。

只有对建筑物进行了以上评估和考察后，申请者才能获得符合法律程序并具有改建权的官方文件。

2002年6月25日，俄罗斯国家杜马颁布《俄罗斯联邦各民族文化遗产法》，使依法保护历史文化遗产的工作进入了一个新的阶段。这部《俄罗斯联邦各民族文化遗产法》确定了保护区层次，即保护范围、建设和经济活动控制范围、景观保护范围。

在圣彼得堡，受国家保护的文化遗产项目共有7780处。《俄罗斯联邦各民族文化遗产法》对"国家保护"的解释："俄联邦国家权力机构、俄联邦各主体的国家权力机构、地方自治机构在其职权范围内，在其对文化遗产的考察、统计及其研究工作中，根据本法律对文化遗产项目的保全和利用情况执行监管，并进行的依法行政、组织协调、财政支持、技术研发、信息统计等方面的内容。其目的是避免其遭受破坏"。俄罗斯文化遗产的"国家保护"

内容主要包括文化遗产项目的国家统一名录、历史文化评价、规定文化遗产的责任内容、编制保护区规划方案等内容。

《俄罗斯联邦各民族文化遗产法》根据"国家统一名录"的内容及相关信息，按照文化遗产（历史文化古迹）各自的历史文化意义分类如下：

（1）联邦意义的文化遗产，即对俄罗斯联邦历史和文化具有特殊意义的项目，包括考古遗产，圣彼得堡目前共有此类遗产 3535 处；

（2）区域意义的文化遗产，即对俄罗斯联邦主体的历史和文化具有特殊意义的项目，圣彼得堡目前共有此类遗产 2080 处；

（3）地方（或自治政府）意义的文化遗产，即对地方自治市的历史和文化具有特殊意义的项目，圣彼得堡目前没有此类遗产；

（4）已公布的文化遗产，此类文化遗产属于未公布为上述分类，但需按照古迹相关要求进行使用的遗产。圣彼得堡目前共有此类遗产 2165 处。

2005 年 12 月 21 日圣彼得堡司法会议通过关于《圣彼得堡区域文化遗产保护总体规划》的法律，圣彼得堡的历史城市整体保护工作更趋完善。

从 1717 年圣彼得堡的第一个总体规划［见图 10-4（14）］，到十八世纪

图 10-4（14）　1717 年圣彼得堡整体规划

从法国和意大利引进的西欧古典城市体系构成了由中心向外延伸的城市空间框架［见图 10-4（15）］，再到 2005 年城市总体规划，虽然城市面积在不断扩大，但中心城区的基本格局至今未发生大的变化，基本保留了昔日辉煌、典雅的帝都艺术风范。［见图 10-4（16）］

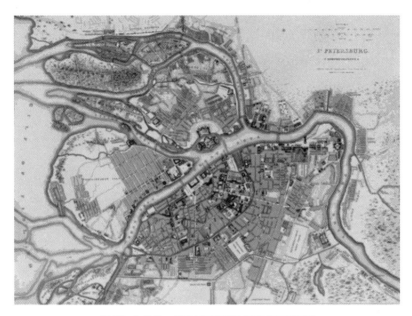

图 10-4（15）　1834 年圣彼得堡建成区平面图

图例

■ 世界文化遗产项目保护范围用地
▨ 保护范围
▨ 世界文化遗产项目缓冲区
　建设与经济活动范围—1
▨ 世界文化遗产项目缓冲区
　建设与经济活动范围—2
▢ 世界文化遗产项目缓冲区
　建设与经济活动范围—3
　历史文化地层分布地块
■ 联邦意义文化遗产项目
□ 区域意义文化遗产项目
■ 已登记文化遗产项目
■ 园林、庭院、林荫道等绿化

图 10-4（16）　2005 年圣彼得堡市历史中心区保护范围图

　　关于历史城市的建筑环境问题，俄罗斯修复科学院主席普鲁金曾提出建筑历史环境保护的新概念，即"从空间环境及人道精神两方面解决文物建筑古迹及建筑历史环境的保护问题"。近现代以来，以城市历史环境保护观念为主导的一系列城市环境保护法规和措施使圣彼得堡不再是单纯的功能和基础建设，大量具有艺术价值的建筑物及城市设施得到了有效的修复和保护。

　　"彼得时代的旧俄罗斯依靠全新的圣彼得堡走向强盛，新俄罗斯却要借助旧时代的圣彼得堡重返大国之列。"[1]城市人文精神和艺术的力量在此得到充分体现。

　　5. 伦敦

　　伦敦是世界著名都市，也是欧洲著名的古城之一，其历史悠久，古迹众多，至今仍保持着二十世纪初的中心城区风貌。

　　伦敦行政区划包括伦敦城和 32 个区、伦敦城外的 12 个区为内伦敦，其它 20 个区为外伦敦，伦敦城、内伦敦和外伦敦构成大伦敦市，面积为 1580 平方公里。其中伦敦旧城是核心区，面积只有 1.6 平方公里。

　　六十年代中期至七十年代中期，伦敦一共建了大约 350 幢大型住宅楼，这些新楼使伦敦许多特定区域的历史城市特征被破坏。1967 年出台的《城市文明法》，曾赋予了地方政府设定保护区的权力，但由于一直没有整体的城市规划进行控制，使得伦敦的城市风貌一直在保护和破坏之间轮回。

　　1974 年制定的《城镇文明法》建立了补偿制度，历史建筑的拥有者能够取得与其产业价值相同的补偿资金，当地政府也有机会借政策寻求对濒危历史建筑的修缮。

　　1978 年英国政府通过《内城法》，开始注重旧城的改建和保护。

　　1990 年出台了《规划法》，除有关登录建筑、保护区的定义、法律程序外，还包括开发、拆除、改建、公众参与、产权和财政资助等内容。同时制定了深化法律内容的政策导向，以及关于政策的详细解释和保护区规划指南，该指南明确了遗产保护项目的管理、咨询、检查和结果等全部环节的管

1　卢宇光：《俄罗斯借旧时代的圣彼得堡重返大国之列》，凤凰卫视驻莫斯科首席记者评论。

理过程，并规定当局有权停止其认为有损遗产周边环境的工程。

1999 年，以国际建筑大师理查德·罗杰斯为首的"城市工作专题组"完成了《迈向城市的文艺复兴》白皮书报告，"城市复兴"第一次被提到与"文艺复兴"相同的高度，标志着由政府主导、有计划、有步骤的城市保护时期的开始。

在"城市复兴"理念的主导下，伦敦在城市开发与古迹保护的关系上坚持保护优先的原则，城市规划建设绝不以破坏旧城古迹为代价，历史经典建筑被视为艺术瑰宝而受到保护。

伦敦的城市保护分为五个层次，从微观到宏观依次为：指定文物、登录建筑、保护区、其他被定义的环境及战略性眺望景观。

（1）指定文物

伦敦共有 150 个指定文物。

（2）登录建筑

登录建筑指具有特殊历史价值的建筑物，按其历史价值分为三个等级，并提出整体保护的要求，包括内部、外观、建筑中的构筑物及庭院。伦敦目前共有约 50000 处登录的建筑物和构筑物。

（3）保护区

伦敦有 881 个保护区。设定保护区的目的主要有三个方面：

控制开发；控制保护区内特色建筑的拆除；保护保护区内有特殊历史价值的城市景观。

确定保护区的一个重要标准是："区域的品质和价值是确定保护区的最主要的考虑因素，而不是单独的建筑"。

（4）其他被定义的环境

联合国教科文组织确定的世界遗产：威斯敏斯特教堂、伦敦塔桥、格林威治天文台和邱园。还有具历史文化价值的 142 个园囿，1 个历史战场。

（5）战略性眺望景观

伦敦有 10 处战略性眺望景观，主要以地标建筑圣保罗大教堂和国会大厦为眺望对象。

就伦敦的保护区而论，其具有数量多、面积小和多样化的特点，设立保护区的目的主要是为保护和提高保护区的历史价值，针对历史保护区采取的控制措施如下：

（1）消除影响保护区特色的因素，如改善不适宜的街道小品、街道指示牌及缺乏绿化的地段，明线埋入地下；

（2）积极控制新建筑的设计和使用性质，如地面铺装风格、建筑细部设计等；

（3）防止为了渲染商业效果，人为地"美化"保护区；

（4）反对肤浅的抄袭式仿古；

（5）修复、修缮、改建主张采用自然材料，尽可能与原建筑一致，材料种类不应太多、太杂，避免使用模仿的材料。

对保护区内的新建筑主要从"特色"和"环境"两个方面予以控制。包括：城市环境的历史演变、空间形态、建筑类型、尺度、材料、色彩、建筑立面的虚实比例和门窗比例等具体内容。

根据保护工作的需要，政府设立了保护官员，其受雇于地方规划部门，负责有关环境保护方面的事宜，日常工作包括政策、立法、规划管理、改建、调查和教育等。其具体工作为：

（1）对保护区内的建筑物进行调查和做重点记录；

（2）风景和建筑地段景观的调查；

（3）有关保护的展览和出版工作；

（4）对保护区内没有政府通知不可拆除的建筑进行登记；

（5）对登录建筑的业主进行咨询帮助；

（6）对保护区内的新建筑进行咨询；

（7）对在传统材料运用方面有特殊技术的工匠和公司进行登记，以便在紧急情况下对登录建筑指派合格的修理团队；

（8）对经济资助方针进行顾问并处理申请事项等。保护官员实际成为了政府、建筑物业主及代理人、建筑承包商和工匠之间的联系纽带。

在英国，古建筑和古城特色保护已成为社会文明的一部分。除皇家建筑师学会和皇家规划师学会在保护中起重要作用外，权威民间组织也介入古迹保护法规程序，如：古迹协会、不列颠考古委员会、古建筑保护协会、乔治社团和维多利亚协会。凡涉及登录建筑的拆毁、重建或改建，地方规划当局都会征求这些民间团体的意见，并以此作为决策的法律依据之一。民间组织在保护及立法中的参与和作用，使古迹保护成为名副其实的"群众运动"。

针对旧城保护的问题，英国议会制定了一整套法规，并专门立法对旧城古建筑分类登记。三类保护：对建筑外观进行保护，内部结构及功能可进行适度改变。二类保护：对建筑外观、内部结构及功能都要进行严格保护。一类保护：除严格保护建筑外观、内部结构及功能外，还应严格控制此区域内的一切建设活动，并修复与此历史文物建筑紧邻的建筑，保存围绕历史建筑的街道广场的空间特性（街区小品、地面铺装、道路照明等），保护此文物建筑周边的自然环境（树木、河流、草坪等）。

在法规框架下，一些城市进而制定了更详细、严苛的规定，如历史风貌保护区内任何建筑的维修，不论工程大小，即使是换一片瓦、修补一条裂缝，或者粉刷一下墙面，事先都必须向政府呈交书面申请，详细说明使用哪些材料、涂刷什么颜色、采取何种施工方法等。只有待政府审查批准后，才能按照批准的方案实施。

除了要求严格保护建筑外观及内部结构外，有些城市对保护区周边区域内的建设也提出具体要求，如，沿街建筑必须保持建筑风格的一致，不允许随意改变建筑物的颜色、结构等，改扩建面积不许超过原有面积的10%等。凡违反城市古迹保护规定的都将面临高额罚单甚至判刑入狱。正是因为有了这种严格的法律法规，才使各个历史时期的古建筑得到很好的保留，城市风貌因而得以延续。

为了城市保护法规得到更好的落实，伦敦市政府专门设立了负责旧城保护与改造规划事务的规划委员会，其相对独立并具有半司法性质。规划委员会一般与规划师协会、建筑师协会、建筑事务所等组织合作组建专业机构，专门从事旧城保护与改造的规划编制工作。这个专业机构在对街区与建筑的历史和现状调查分析的基础上，制订出科学、详细的保护与改造方案，包括历史建筑的保护改造方案和历史街区的控制性详细规划，内容涉及建筑红线、高度、密度、外观、色彩、内外结构、地下空间、使用功能、绿化、停车位、老建筑与邻近建筑的关系、老建筑与道路的比例关系等各个方面。

得益于政府的立法和城市持续发展的理念，伦敦随处可见保护完好的古建筑，从某种意义上看，伦敦就是一座建筑艺术博物馆。伦敦老城区内基本都是传统的多层建筑，看不到现代化的高楼大厦。伦敦市政府规定，对旧城区内的建筑物，任何拆除、重建的计划都必须经市政府专门机构审查，并设定严格的审批程序。如确因安全等原因需要拆除重建的，重建的建筑物临街立面必须与原建筑完全相同，保持建筑与周边历史环境的高度和谐。

保持"城市艺术特色"是伦敦旧城保护与改建中的主要理念，伦敦著名的标志性建筑威斯敏斯特教堂和塔桥，传统风格的古建筑群和老街道，以及规模大、类型多、数量多的绿地，这些经典的城市特征构成了独具特色的伦敦城市景观。

尽管伦敦旧城区街道狭窄、曲折，交通拥堵一直是困扰城市的问题，但始终没有靠拆除老建筑来扩展道路。2006年，伦敦市政府曾计划在市中心建造多座摩天大楼，但遭到英国民众的强烈反对，他们担心这些大楼有损白金汉宫、大英博物馆等历史建筑的光彩。城市历史积淀带来的精神享受已普遍深入英国民众的心灵。

现在，伦敦的城市改造已不再停留于表面形式和物质性的开发，更注重城市更新的整体性和关联性，更注重城市特色风貌的保护以及城市原有的空间结构。政府在综合考虑各项社会要素的基础上，制定出目标明确、内容丰富的城市发展策略。

伦敦旧城改造的基本模式为：

全面调查，建立技术档案，编制旧城改造计划；

对古迹和历史建筑进行登录注册；

划分保护区；

对旧城区的改造和规划设计提出了降低建筑密度、改善环境和交通、增加绿化等具体要求。

旧城改造方式已从大规模推倒重建式，转为小规模、分段的谨慎渐进式，对旧城区内的建筑分别采取改建、扩建、部分拆除、维修养护、住宅内部设施现代化和公共服务设施完善化，居住环境保持旧城区原有特色。

　　政府不再直接介入旧城改造，而是注重政府、社会资源和公众的共同参与。政府在规划的制订阶段通过报纸、宣传册、居民大会等将内容告知公众，市民可以通过各种形式参与规划草案的讨论，规划部门在对收集的意见和建议做进一步调查和评审之后，将其纳入到规划方案中。一旦规划通过了上级管理机构审批，并经地方议会通过及颁布，即成为地方性法规，任何机构和个人都必须严格遵守，规划委员会有权制止任何违章行为。[见图 10-5（1）至图 10-5（8）]

图 10-5（1）　伦敦老城区

图 10-5（2）　伦敦城市广场

图 10-5（4）　伦敦老城区历史建筑遗迹

图 10-5（3）　伦敦老城区街巷

图 10-5（5）　融入现代生活的伦敦古城墙遗迹

图 10-5（6）　伦敦老城区历史建筑

图 10-5（7）　伦敦城市艺术雕塑

图 10-5（8）　伦敦城市艺术雕塑 *

* 图 10-5（1）— 图 10-5（8）为蔡亦非摄。

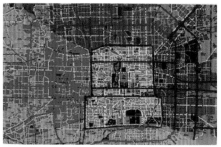

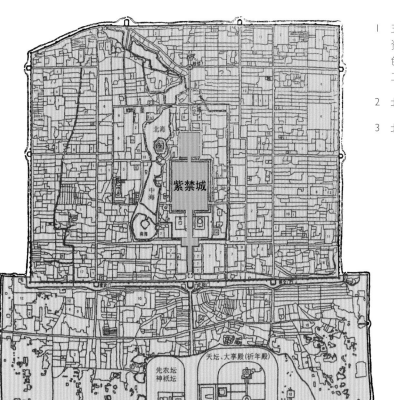

1　五色北京构想图
　　资料来源：崔唯，《城市环境
　　色彩规划与设计》，中国建筑
　　工业出版社 2006 年版。

2　北京旧城鸟瞰图

3　北京传统城市色彩分区图

1 巴黎市区鸟瞰图
  资料来源：〔意〕古伊多·巴罗西奥，《高飞丛书·欧洲》，王兰军、方智译，中国铁道
  出版社 2011 年版。

2 法国阿维尼翁
  资料来源：〔意〕古伊多·巴罗西奥，《高飞丛书·欧洲》，王兰军、方智译，中国铁道
  出版社 2011 年版。

3 捷克霍尔绍夫斯基廷
  资料来源：〔意〕古伊多·巴罗西奥，《高飞丛书·欧洲》，王兰军、方智译，中国铁道
  出版社 2011 年版。

苏州城区图 蔡青摄

1　瑞典斯德哥尔摩的历史街区加姆拉斯坦
　　资料来源：〔意〕古伊多·巴罗西奥，《高飞丛书·欧洲》，
　　王兰军、方智译，中国铁道出版社 2011 年版。

2　德国科隆
　　资料来源：〔意〕古伊多·巴罗西奥，《高飞丛书·欧洲》，
　　王兰军、方智译，中国铁道出版社 2011 年版。

1 佛罗伦萨
资料来源：〔意〕古伊多·巴罗西奥，《高飞丛书·欧洲》，王兰军、方智译，中国铁道出版社 2011 年版。

2 水城威尼斯
资料来源：崔唯，《城市环境色彩规划与设计》，中国建筑工业出版社 2006 年版。

1 杜布罗夫尼克.
　资料来源：〔意〕古伊多·巴罗西奥，《高飞丛书·欧洲》，王兰军、
　方智译，中国铁道出版社 2011 年版。

2 达尔马提亚岛
　资料来源：〔意〕古伊多·巴罗西奥，《高飞丛书·欧洲》，王兰军、
　方智译，中国铁道出版社 2011 年版。

1 瑞士图恩
资料来源：〔意〕古伊多·巴
罗西奥，《高飞丛书·欧洲》，
王兰军、方智译，中国铁道
出版社 2011 年版。

2 墨西哥瓜纳华托州首府瓜纳
华托
资料来源：崔唯，《城市环
境色彩规划与设计》，中国
建筑工业出版社 2006 年版。

3 挪威朗伊尔
资料来源：崔唯，《城市环
境色彩规划与设计》，中国
建筑工业出版社 2006 年版。

1　摩洛哥北部丹吉尔附近的舍夫沙万
　　赵燊摄

2　印度贾斯坦邦的焦特布尔市
　　资料来源：崔唯，《城市环境色彩
　　规划与设计》，中国建筑工业出版
　　社 2006 年版。

3　希腊
　　资料来源：崔唯，《城市环境色彩
　　规划与设计》，中国建筑工业出版
　　社 2006 年版。

表 10-1 不同国家城市环境保护与建设的艺术理念

城市	艺术理念
巴黎（法国）	新旧城市建筑均衡发展，城市空间环境均衡发展，城市生活功能均衡发展，城市交通均衡发展。
雷恩（法国）	尊重历史环境与保护资源，在"进化中的遗产保护"理念下，从技术性的遗产保护走向城市整体空间保护。
圣地亚哥（西班牙）	1. 历史中心城区的恢复计划要放到整座城市乃至更大的地域环境中来考虑，并研究他们之间未来发展中的关系。 2. 构成历史街区的建筑物并不一定都具有独特的艺术价值，但也应保护其技术、空间、装饰方面的特征，这些都是一座城市整体肌理的特有构成因素。 3. 保存和修缮文物，旨在保护艺术品和历史见证，禁止改变建筑物或历史景观赖以生存的周围环境和条件。 4. 修缮的目的在于保存和展示某个文物的历史和美学价值，应立足于尊重文物的古旧部分和体现其真实性。 5. 传统建筑体系的连续性以及伴随建筑遗产的传统技术与记忆是其本质性的东西，应通过专业培训将其技艺世代传承下去。 6. 历史景观区的新建筑应在建筑空间布局和周围环境方面与原有建筑谐调，不影响整个景区的和谐美感，包括建筑特性、高度、色彩、材质及形式。
布达佩斯（匈牙利）	保持古老的城市格局，保持传统建筑物的艺术外观，保持不同历史时期形成的城市风貌。
圣彼得堡（俄罗斯）	不仅保护单体建筑物和构筑物，还包括城市建筑群、建筑综合体、街道广场、园艺及自然景观等。 旧城改造不应把文物古迹仅仅看成是怀旧或记录历史的证物，还应看作是反映现代生活的一种现象。
伦敦（英国）	提出"城市文艺复兴"的保护理念。从"特色"和"环境"两个方面控制城市建设。 针对历史保护区采取的控制措施： 1. 消除影响保护区特色的因素。如改善不适宜的街道小品、街道指示牌及缺乏绿化的地段，明线埋入地下； 2. 积极控制新建筑的设计和使用性质，如地面铺装风格、建筑细部设计等； 3. 防止为了宣染商业效果，人为地"美化"保护区； 4. 反对肤浅的抄袭式仿古； 5. 修复、修缮、改建主张采用自然材料，尽可能与原建筑一致，材料种类不应太多、太杂，避免使用模仿的材料。

城市	艺术理念
伦敦（英国）	旧城改造的基本模式： 1. 全面调查，建立技术档案，编制旧城改造计划； 2. 对古迹和历史建筑进行登陆注册； 3. 划分保护区； 4. 对旧城区的改造和规划设计提出了降低建筑密度、改善环境和交通、增加绿化等具体要求。
安特卫普（比利时）	珍惜民族文化遗产，保护和发扬传统城市风貌。将恢复旧城区的艺术活力作为城市保护必须遵循的原则。保护传统城市风貌要将艺术文化价值和现代生活实用价值相结合。
亚特兰大（美国）	历史性建筑物与历史性区域在一般情况下不允许拆除，即使拆除也必须保留其外观的历史形态。作为城市标志的地标性建筑物与区域要采取强有力的保护措施。
西雅图（美国）	保留市中心的传统住宅，保留现存的十九世纪末、二十世纪初的城市景观与历史文化传统。
第比利斯（格鲁吉亚）	城市设计必须体现出历史的真实性和典型性，坚持旧城的典型艺术设计手法和原则，在不改变历史风貌的条件下满足现代实用功能。
苏州（中国）	保护旧城，另建新区，旧城区建设与改造遵循传统的城市艺术设计原则。将传统城市格局、建筑形式、城市环境色彩与现代生活有机结合。

从上述各城市的设计理念看，虽然存在文化差异，设计取向也有所不同，但在城市发展观念上所尊崇的艺术原则却是相通的。由于有了对人类社会文化多样性的认同，才使得艺术能够成为城市设计中唯一具有广泛共性的法则。

城市文化的多样性解释了艺术原则的内涵，而艺术也因其多样性而体现出更广泛的美学价值。

本章小结

本章通过对世界不同城市"艺术多样性"的研究，提出了以艺术为原则的城市设计和城市保护理念。

第十一章　关于城市设计的核心理论

城市设计的创新观点

　　本书提出创新观点："艺术是城市设计的根本属性"。认为"艺术"既是城市设计这一创造性行为过程的原则和主导思想，又是城市整体物质环境的非物化属性。主张通过解析、探究城市设计的本质性问题，明确城市设计的"根本属性"，确立艺术在城市设计中的"核心主导地位"。

　　本书立足于艺术视角，结合文中提出的"城市艺术化""艺术主导城市设计""城市艺术意识""城市艺境""城市艺术情境化"等相关城市设计概念，深入论证城市设计的"根本属性"问题，并提出本书的主要研究成果——"艺术核心论"。

　　目前，有关城市设计方面的理论研究已有不少，但遵循"艺术"思维对其本质问题深入研究的仍然不多，也鲜有人潜心探究城市这个繁杂、庞大体系的"设计核心"问题，遑论思考潜隐于设计表象下的"根本属性"。鉴于此，本书将研究、解析城市设计的"属性"问题，明确"艺术"在城市设计中的"主导地位"，作为主要研究内容。

　　在经过广泛深入的调查、分析与研究后，本书最终提出"艺术核心论"。既诠释了城市设计的艺术属性问题，也在广博的城市设计范畴中确立了艺术的核心主导地位。如果经过实践检验，证明这一研究成果既填补了城市设计理论研究的空缺，又解决了当前城市设计导向不明确的问题，从而使城市设计无序发展的状况有所改观，那么也就证实了本书所具有的研究意义及创新价值。这对广义城市艺术设计理论的发展，对传统城市艺术的延续与再生，以及未来城市艺术化建设都具有重要的意义。

艺术核心论

本书针对城市设计论题进行综合研究和总结后，提出城市设计的"艺术核心论"。

提出"艺术核心论"这个解释城市设计根本问题的理论，其主要意义在于首次在广博的城市设计范畴中明确了艺术的核心地位，并以新的研究方法解析了艺术的属性问题。这一观点的提出不仅有助于城市艺术设计理论研究的发展，为未来城市设计奠定一个新的认识基础，还有望改变我国城市建设各自为政、无序发展的状况。通过对城市设计的研究，重新认识和思考其属性问题，从城市与艺术的关联性定位艺术在新时期城市设计发展中的核心作用，这对于传统城市设计文化的传承与再生以及当代城市艺术化建设都具有积极的现实意义。

城市设计是一个多维系统工程，城市的生命力在于其艺术精神，任何单一的学术观点或研究方法都难以全面、客观地解释其"属性"的问题，因此，本书针对艺术自身特质采取多元互证的研究方法，并以广义的、联系的思维建构起关于城市设计艺术属性研究的理论框架。

鉴于艺术自身的特性，本书在研究过程中始终坚持不断比较的原则，坚持客观素材与研究方法相结合产生理论的原则。在研究方法上，分别采取了自上而下的传统研究方法和自下而上的质的研究方法，通过对两种研究方法的比较和研究过程的分析，产生对城市设计"艺术"概念的共同认识，通过归纳、整合，提出"艺术是城市设计的根本属性"的创新理论，并以"艺术核心论"作为本书的研究成果。

本书关于城市设计属性的研究体现了多元化艺术研究的重要性，研究论证了艺术作为城市设计属性的存在及其主导作用，为坚持城市艺术化发展方向及城市艺术设计实践提供了理论基础。

"艺术核心论"主导的城市发展思路与对策

/ 编制城市设计艺术导则

城市设计导则（Urban Design Guidelines）是在城市总体规划指导下关于城市设计导向的法令性文件。导，为引导、导向之意；则，乃规则、范式之解，因而，导则既是行为的先导，又是遵守的法则。

城市总体规划是根据城市土地和空间资源，综合部署城市功能，全面安排城市各项建设，其要点在于维护城市的整体平衡，系城市的总体设计。但如果以宏观的城市规划直接指导微观的建筑设计和建设项目，极易造成彼此间的脱节和偏移，而城市设计导则的作用就是在二者之间形成有效的过渡和联系。

编制城市设计艺术导则（The Art Urban Design Guidelines）是表达现代城市艺术设计观念的一种方式，目的在于引导和协调现代城市设计的艺术方向。

城市设计艺术导则同样包括总则与通则。总则指整体思路，即项目的设计目标与用途，属城市规划设计中的宏观要求，通则为总则指导下的各项具体要求。

城市设计艺术导则可以分为城市级、街区级与地段级三种：城市级导则主要确定城市设计政策的艺术导向，重点研究与城市总体规划相关的城市空间艺术、城市生态艺术等内容；街区级导则研究的对象则是相对独立的城市区域，如街道、坊巷等，与城市级导则衔接，整体协调街区内的景观、生态及各类公共建筑的艺术形式及区域艺术环境的关系；地段级导则是指具体构筑物单体或建筑组群的设计，是在街区级导则指导下，当设计者对自己的设计项目提出个性诉求时，为其提供空间和用地规划以及设计要求等。

从设计要求层面看，城市设计艺术导则应设有多种常规定式，如指令性导则、规定性导则及选择性导则。

（1）指令性导则，即必须无条件执行的城市艺术设计规定，其文字表达多为"应""应该""必须""严禁"等。如关于古城、历史街区及主要城市地段的诸多设计法规大多属于此类。

（2）规定性导则，即提供一个设计范围，由设计者在设定的范畴内自主权衡，如规定某区域须体现明清城市环境风貌，设计者可根据自己的艺术设计风格在规定的框架内进行设计。

（3）选择性导则，即为设计人员提供一定的自主选择空间，不规定具体的限制条件，但须考虑城市设计的基本艺术导向和城市整体风貌，文字表达多为"可""宜""适于""尽可能"等。

城市设计艺术导则的特点在于：只设计城市而非设计具体的构筑物。

城市设计是一个整体工程，如果没有理论导向和条例的约束，各种作用力的交集必然会使城市品相发生异化，但是这种艺术导向和约束又不针对具体构筑物，所以艺术导则只是起一种特定的引导作用，即松弛的限定与有限理性。林钦荣先生在《都市设计在台湾》一书中认为，"它不在于保证最好的设计，而在于保障不使最坏的设计产生"[1]。

同为总体规划指导下的设计文件，控规反映的主要是具象的物质形体和物质形态，如地块范围、性质、布局以及道路、管线等工程技术问题。而导则体现的则是以"人"为本的思想，即从人的行为和心理出发，研究城市环境元素之间的艺术关系。从设计深度看，城市艺术导则是城市控规的精细化，尤其是对于某些特定地段和特定要素的设计，只有通过城市设计艺术导则的具体规定和弹性控制才能保证一个地区的总体印象与总体特征。

无疑，城市设计艺术导则会有一定的时效性。时间的推移、环境的变迁都会促使城市艺术导则不断进行调整、补充和完善，这与传统的"终端式"设计成果有着明显的不同。所以，导则不强调终极结果，而是不断依据各种信息进行调整，达到与城市文化的同步发展。如今，现代城市设计已经远远超出了传统意义上"美"的概念，承载了越来越多的内容。因此，编制城市

1　林钦荣：《都市设计在台湾》，台北：创兴出版 1995 年版。

设计艺术导则,并以其指导现代城市设计的艺术导向已势在必行。

/ 北京历史城区整合为一个独立的行政管辖区

划分行政区是自古以来城市管理的常用办法。元大都城共划分 50 坊(皇城除外),坊门上各有坊名;明代京城划分为 36 坊(内城 28 坊,外城 8 坊),分属东、西、南(外城)、北、中五城管辖;清代京师内城按八旗划分为 8 个行政区及皇城区,外城则分为东、西、南、北、中五个行政区域;中华民国时期北平划分为内城 6 个区,外城 5 个区。后将东交民巷(旧使馆区)及宣内大街以东合并为第 7 区,外城 5 个区依次排序为第 8 区至第 12 区。

新中国成立后,北京历史城区的行政区划改为东城区、西城区、崇文区和宣武区。随着时代的发展,城市不断扩大,至二十一世纪初,北京规划市区面积已达 1085 平方公里,而历史城区方圆只有 62.5 平方公里,仅占总规划面积的 5.76%。而且,目前保留完整的历史风貌空间(包括水面和公园)已不足 15 平方公里。区区几十平方公里的历史城区由 4 个区政府分别管理,从长期以来的发展实践看,区与区之间很难谐调统一,各区都以自己的行政区域为主考虑城市的发展建设问题,都要最大限度地展现出本区的政绩,从而必然出现在商业设施、道路交通、文物保护等领域各自为政的现象。在新时期城市经济快速发展的态势下,各区之间的竞争已造成城市规划的失控和城市建设的无序发展。

北京历史城区是一个独特的核心区域,具有完整的历史、文化和艺术特征,任何修缮、改造、整治、建设等城市发展措施都应从其整体艺术环境出发,建立宏观调控机制。要做到这一点,就必须改变目前一个完整的历史城区被划分为多个行政区分别管理的现状。

2010 年,北京进行首都功能核心区行政区划的调整,将原东城区和崇文区合并为一个新区,称东城区;将原西城区和宣武区合并为一个新区,称西城区。北京市做出这样的区划调整,主要是为了有利于贯彻落实科学发展观,推进区域均衡发展;有利于整合利用核心区资源,拓展新的发展空间;

有利于创新体制机制，优化行政资源配置；有利于推进核心区发展建设，增强首都服务功能。

新东城区和新西城区都是北京古都风貌最集中的历史城区，行政区划调整的目的，应是使历史城区的管理更加集中，更有利于将工作的重点转移到城市艺术环境保护上来。有调研报告称，截至 2003 年，北京的胡同数量已从 1949 年的 3250 条减至 1571 条，只有解放初期的一半，而划入保护区的胡同也仅六百多条，其他未被明确保护的胡同仍在不断消失。为了有效地保护历史城市艺术遗产并不断发展新的城市艺术与文明，合理设置行政区是一个极其重要的环节。根据北京以往的城市建设情况看，将原旧城的 4 个区合并为两个新区，应该是比较理智的选择。此举将有效地减少因旧城区内行政区过多而加剧各区政府之间在城市建设规模和速度方面的竞争，精简区属建制后，两个新区之间在城市发展理念与定位上更容易达成共识。

2014 年 7 月 25 日，北京发布了《北京市新增产业的禁止和限制目录（2014 版）》（以下简称《目录》），对全市四类功能区采取差异化的管理措施，其中规定作为首都功能核心区的东城区和西城区严格禁止制造业、建筑业和批发业，禁止新设立营业面积在 1 万平方米以上的零售商业设施、禁止新建和扩建高等学校、大型医院，严格限制酒店、写字楼、展览馆等大型公建。《目录》的制定，在客观上为北京的城市艺术化发展提供了有利的条件。

本书认为，从有利于城市艺术环境持续发展的视角看，北京历史城区应该进一步整合为一个独立的行政区属，以二环路为界，将二环路以内的"凸"字形历史城区设置为一个区，称"旧城区"或"老城区"。该区的工作绩效和考核标准也应明显有别于其他行政区，发展理念应定位于合理、科学、有效地保护传统城市艺术环境，并在传统艺术理念与现代城市功能结合的基础上传承发展城市艺术文脉。

/ 组建艺术统筹城市规划设计的专家管理机构

长期以来，城市艺术环境保护与现代化城市建设之间的矛盾始终存在。从当前北京城市环境设计的主要问题来看，艺术统筹理念的缺失是主要原因。在城市建设快速发展时期，各职能部门及城市建设的参与者大都着眼于自身的发展需要，缺少相互之间在技术与艺术层面的沟通和协调，在整体城市理念上缺少美学层面的追求，技术环节达不到和谐的艺术状态，环境设计也没有体现出历史城市应有的艺术氛围。

关于历史城市艺术环境的统筹保护机制问题，联合国教科文组织在《关于历史地区的保护及其当代作用的建议》中提出：

（1）应设有一个负责确保长期协调一切的有关部门，如国家、地区和地方公共部门或私人团体的权力机构。

（2）跨学科小组一旦完成了事先一切必要的科学研究后，应立即制定保护计划和文件，这些跨学科小组特别应由以下人员组成：

保护和修复专家，包括艺术史学家；

建筑师和城市规划师；

社会学家和经济学家；

生态学家和风景建筑师；

公共卫生和社会福利的专家；

更广泛地说，涉及所有历史地区保护和发展学科方面的专家。

（3）这些机构应在传播有关民众的意见和组织他们积极参与方面起带头作用。

（4）保护计划和文件应由法定机构批准。

（5）负责实施保护规定和规划的国家、地区和地方各级公共当局应配有必要的工作人员和充分的技术、行政管理和财政来源。[1]

从北京的城市发展定位来看，组建艺术统筹城市规划设计的专家管理机构势在必行。只有当这一机制具备了以艺术为主导统筹运作相关专业和技术的能力，并且被赋予相对独立的权力时，城市艺术统筹设计的理念才能真正

---

[1] 内罗毕：《关于历史地区的保护及其当代作用的建议》，联合国教科文组织大会第十九届会议，1976年11月26日。

得以实施。

/ 建立制度化的城市建设公众参与机制

在城市发展进程中，建立制度化的公众参与机制至关重要，无数事实证明，一个历史文化城市的修缮、改造与建设，如果缺少公共参与机制，不注重倾听民众的意见，将很难制定出正确的发展策略和工作计划。如今，世界上已有很多国家在城市建设中逐渐认识到了这一点，开始关注来自于民间的建议。1991 年巴黎市政府开始编制《巴黎建设约章》时就成立了由政府与民间人士组成的协调委员会，并邀请市民代表、社会团体、学术界及宗教界代表共同围绕《巴黎建设约章》的主题进行讨论，广泛听取不同意见。在此后的民意调查中，市政府还向全市每个住户发出一份长达八页的约章简介，涉及巴黎城市空间、建筑形态及各项城市功能均衡发展的《巴黎建设约章》就是在这种全民参与的情况下于 1992 年编制成的。正是由于城市发展战略建立在全面、科学、客观、理性的基础之上，巴黎才能够在世界都市中长久保持独特的地位。

法国雷恩市在城市规划建设进程中则注重与市民的资讯交流。不仅设立了对公众全天候开放的城市规划资讯中心，还经常性地举办以城市发展计划和城市规划设计为主题的展览与交流活动。雷恩市的居民经常会收到一些有关自己居住街区发展的信息，有时还会被邀请参加城市建设项目的听证会。在雷恩，一个城市项目的各种讨论会有时能多达 20 次。这些不断召开的公开交流会使市民有机会深入、全面地了解街区的建设理念和发展动态，同时，市政府也能及时、准确地获得居民具有建设性的反馈意见与建议。

西班牙圣地亚哥市同样在城市保护与改造过程中总结公共意见与经验，认为在历史城市的保护与持续发展中，民众的积极参与是必不可少的。

北京尽管长期以保护古都风貌为宗旨，也制定了一些保护政策，然而，在多年持续的旧城危改中，政策执行不严谨、城市规划屡遭突破，以及一些对房屋产权不够尊重的现象，不可避免地加重了人们对于政策稳定性和延续性的担忧。这也直接导致了人们对投资修缮房屋的忧虑和观望态度。对于城

市的设计和发展，政府官员、规划师、建筑师和各相关专业的设计师都不应
成为高高在上的"决策者"和"指挥者"，真正的城市艺术一定是在公众参
与下完成的。只有当民众具有了营造城市环境的"责任感"，从长期被动接
受的角色转换为积极的参与者，真正成为城市环境的设计者，城市才会具有
长久的艺术生命力。

为了吸引民众积极参与城市建设，使民间资金投入到传统城市建筑中，
2004年，北京市国土房管局、地税局联合下发了《关于鼓励单位和个人购
买北京旧城历史文化保护四合院等房屋的试行规定》，在政策上几乎取消了
四合院购买者的身份限制。

2014年3月，政协委员和专家学者对历史文化街区的民生改善提出了
六点建议，认为产权的市场化改革是城市街区复兴的前提，产权是根源性问
题，应从战略的高度以发展的眼光和改革的魄力对待产权难题。六点建议提
出，要"转变发展思路，彻底改变推倒重建的更新模式……理清政府与市场
的关系……重构街区保护和民生改善的关系，应以民生改善为当前历史文化
街区的工作重点……加大旧城功能优化……政府的政策机制需稳定、延续，
给居民思考的时间和决策的自由"。[1]

从中外城市发展的经验来看，只有进行产权的市场化改革，才能有效地
调动广大居民投资房屋修缮的积极性，提高对城市发展建设的关注度，继而
建立制度化的民众参与机制。

2015年8月，由北京市"十三五"规划编制工作领导小组、市委宣传
部和北京晚报联合组织了5场"十三五"城市发展公众建言活动，首场公众
建言会即以"文化中心建设与提升城市魅力"为主题。组织者从收到的159
条有关首都文化建设的建言中精选出19位群众建言代表，这些文艺、企业、
高校、科研、媒体等不同行业的群众代表汇聚一堂，为首都的文化建设献计
献策。建言内容包括历史文化名城保护、弘扬传统文化、古建筑复建、公共
文化设施建设、文化创意引领城市发展等。这次"十三五"建言活动体现了

---

1 《北京今年1.5万套房安置旧城区人口》，载《北京晚报》，2014年3月20日第6版。

政府对公众参与城市建设的逐步重视。

2015 年 12 月 20 日至 21 日在北京举行的中央城市工作会议也对城市规划设计的公众参与机制问题提出明确要求：规划编制要接地气，可邀请被规划企事业单位、建设方、管理方参与其中，还应该邀请市民共同参与。

/ 制定以艺术为主导的历史城市持续发展规划

制定以艺术为主导的持续发展战略是历史城市艺术特色的保障，一座城市的生命力无疑来自其自身的个性和文脉，而大部分城市文化也是通过不同艺术形态来表现的。北京传统城市艺术所表现的是国都文化，即通过象征的艺术手法体现皇权、礼制、等级、规制、忠贞、仁义、孝悌、吉祥、福寿、功名、利禄等文化内涵，其城市特性与价值取向可见一斑。早在 1976 年，联合国教科文组织就在《关于历史地区的保护及其当代作用的建议》中指出："当存在建筑技术和建筑形式的日益普遍化可能造成整个世界的环境单一化的危险时，保护历史地区能对维护和发展每个国家的文化和社会价值做出突出贡献，这也有助于从建筑上丰富世界文化遗产。"[1] 然而，在全球化快速发展的进程中，城市的环境越来越"趋同化"和"同质化"，"特色危机"已成为当前城市发展中最严重的问题。

城市艺术来源于城市的历史文化底蕴，来源于地理环境和人文环境，城市艺术特色越鲜明就越具有吸引力，城市独特的艺术个性才是城市魅力的保证。城市艺术既是城市的文化积淀和文化载体，也是城市特色和城市风范的发展依据，城市艺术特色即城市文化特色，城市艺术主导也是城市文化主导，艺术主导理念关注的是城市艺术的传承和城市文脉的延续，既担负着保持城市个性的责任，又承担着维护文化多样性的历史使命。

历史城市是历经漫长岁月打磨而成的一件庞大的艺术品，非一朝一夕所为，在城市建设中，任何盲目的效仿，简单的拼凑，为追求政绩的拆、改、建行为都将破坏城市艺术的持续发展。在经济主导发展的思想下，为了促进

1　内罗毕：《关于历史地区的保护及其当代作用的建议》，联合国教科文组织大会第十九届会议，1976 年 11 月 26 日。

GDP 的快速增长，很多做法往往出于拍脑门决定的，一些决策者对毁坏城市艺术环境的行为视而不见，伴随着 GDP 漂亮数据的则是城市风貌的成片消失。

在 2013 年 6 月的全国组织工作会议上，习近平主席指出："要改进考核方法手段，既看发展又看基础，既看显绩又看潜绩，把民生改善、社会进步、生态效益等指标和实绩作为重要考核内容，再也不能简单以国内生产总值增长率来论英雄了"。[1] 习主席的讲话可谓切中时弊，深得民心。随后，中央组织部也在《关于改进地方党政领导班子和领导干部政绩考核工作的通知》中指出，完善政绩考核评价指标，不简单地以地区生产总值及增长率论英雄，并强调对政府债务情况考核，注意识别和制止"形象工程""政绩工程"等。《通知》还提出了很多硬要求和硬措施，具体包括五个方面：（1）考核不能唯 GDP；（2）不能搞 GDP 排名；（3）限制开发区域不再考核 GDP；（4）要加强对政府债务状况的考核；（5）考核结果不能简单以 GDP 论英雄。

城市要发展经济，领导要出政绩，都无可厚非，关键是经济要如何发展，政绩都看什么，长期以来以牺牲城市环境为代价换取经济效益和政绩的行为必须坚决制止，如果从历史城市艺术环境存亡的角度思考，就更应深刻反思。如何根据城市性质制定考核方法，如何将城市艺术生态环境的保护和延续纳入到考核体系中，无疑是以艺术主导理念促进城市艺术持续发展的关键所在。

/ 建构历史与未来相融的新艺术城市模式

历史城市的艺术与文化不仅需要保护，更需要延续发展。不可否认，历史城市是一个艺术载体，聚集了难以计数的传统艺术元素，但它又是一个实体城市，还肩负着社会、经济、文化、生活等方面的功能。我们既要保护历史城市的艺术遗产，还要在不断发展中开创新的、艺术化的城市文明，可以说，历史城市只有将传统艺术精神与现代文明结合，其艺术生命力才能长

1　中共中央总书记、国家主席习近平在 2013 年 6 月 28 日至 29 日全国组织工作会议上的讲话。

久延续。前述的一些焕发艺术生机的历史城市，无一不是通过历史与未来的
和谐对话，正确处理"守旧"与"创新"的矛盾，通过寻求两者之间的结合
点，实现了"精神"与"生活"的有机融合，继而建构起一个集自然世界、
社会世界和人文世界的新艺术城市模式。

本章小结

本章在"艺术核心论"的思路下，根据北京目前的具体情况，在城市设
计层面提出了具有建设性的发展思路与对策，力求在重新认识和思考城市设
计理论与实践问题的基础上，建构历史与未来相融的新艺术城市模式。

人类用了五千多年的时间，才对城市的本质和演变过程有了一个局部的认识，也许要用更长的时间才能完全弄清它那些尚未被认识的潜在特性。

—— 刘易斯·芒福德，《城市发展史——起源、演变和前景》

第十二章 结 语

城市艺术设计研究是关系城市设计导向的重要课题

将"城市艺术设计"作为一个研究课题，主要是希望通过探究设计的"根本属性"，确立艺术在城市设计中的核心主导地位，正确把握城市设计的导向。

基于课题研究的需要，本书尝试从艺术视角审视北京这座历史城市，新视角带来了新的认识和体会，当透过城市设计的繁杂表象深入探究其本质问题的时候，观念也随之不断地调整，课题研究使我们对城市设计的认识不再停留于表层，在经历了从历史到当代，从表征到内质的思考后，对城市设计的根本属性问题也有了更深层的认知，并借此提出"艺术是城市设计的根本属性"的最终理论。

作为研究成果，"艺术核心论"是对城市设计艺术属性理论的概括，主张艺术是主导城市设计的核心元素。

关于"城市设计艺术属性"的研究，既能为城市艺术设计理论研究作一些补充，又可适度改善当代城市设计实践中缺乏理论导向的状况，具有理论与实际的双重价值。这也是本书期望得到的结果。

尚需进一步研究的问题

本书内容主要围绕北京历史城区的环境设计问题进行分析和研究，既有典型意义也存在一定的局限性，因而得出的结论也是相对的，难以涵盖所有的城市问题。当我们潜心研究城市艺术特性的时候，还应看到城市设计是一个广义的概念，不只局限于城市装饰和环境审美。对于一座城市来说，外表的与内在的、静止的与动态的、装饰的与实用的、独立的与联系的等元素与机制都不可避免地与城市设计的艺术形式有关。城市艺术除了表达各种社会性的审美理念外，还在于通过有效的设计方式维持城市机能（水、电、气、交通、绿化等）的运转和各构成要素之间的有机联系，这种运转与有机联系皆依靠其合理的设计形式才能得以维持，而这种有机形式的构成依托的正是艺术主导的城市设计。可以说，与城市工程技术需求和实用工艺需求相适应的形式是城市艺术设计的一个重要组成部分。亚瑟·霍尔登曾说，原则上，工程技术和建筑同样是艺术，指导工程技术的人同样立足于坚实的艺术大地之上。为了更全面地理解城市艺术设计问题，尚需对这些技术和工艺层面的城市系统工程进一步深入研究，使其最终有机地融入艺术主导的城市整体统筹设计之中。

鉴于城市艺术设计的广义性和发展规律，在以本书提出的理论尝试解读不同的城市现象及解决新的城市问题时，还应不断地检验这些理论的科学性，增大理论的覆盖面，持续加强对论点的支持。

参考文献

[1]　董雅：《设计·潜视界——广义设计的多维视野》，中国建筑工业出版社 2012 年版。

[2]　单霁翔：《城市化发展与文化遗产保护》，天津大学出版社 2006 年版。

[3]　单霁翔：《走进文化景观遗产的世界》，天津大学出版社 2010 年版。

[4]　马定武：《城市美学》，中国建筑工业出版社 2005 年版。

[5]　陈向明：《质的研究方法与社会科学研究》，教育科学出版社 2012 年版。

[6]　陈向明主编：《质性研究：反思与评论》，重庆大学出版社 2008 年版。

[7]　〔美〕迈尔斯、〔美〕休伯曼：《质性资料的分析：方法与实践》，张芬芬译，重庆大学出版社 2012 年版。

[8]　俞孔坚、李迪华：《景观设计：专业学科与教育》，中国建筑工业出版社 2004 年版。

[9]　孙长初：《中国古代设计艺术思想论纲》，重庆大学出版社 2010 年版。

[10]　吴家骅：《景观形态学》，中国建筑工业出版社 2004 年版。

[11]　〔英〕史蒂文·蒂耶斯德尔、〔英〕蒂姆·希斯、〔土〕塔内尔·厄奇：《城市历史街区的复兴》，张玫英、董卫译，中国建筑工业出版社 2006 年版。

[12]　吴良镛：《北京旧城与菊儿胡同》，中国建筑工业出版社 1994 年版。

[13]　方可：《当代北京旧城更新》，中国建筑工业出版社 2000 年版。

[14]　张松：《历史城市保护学导论》，上海科学技术出版社 2003 年版。

[15]　任军：《文化视野下的中国传统庭院》，天津大学出版社 2005 年版。

[16]　徐明前：《城市的文脉：上海中心城旧住区发展方式新论》，学林出版社 2004 年版。

[17]　〔日〕西村幸夫：《城市风景规划——欧美景观控制方法与实务》，张松、蔡敦达译，上海科学技术出版社 2005 年版。

[18]　〔美〕凯文·林奇：《城市意象》，方益萍、何晓军译，华夏出版社 2012 年版。

[19]　杨宽：《中国古代都城制度史》，上海人民出版社 2006 年版。

[20]　潘谷西、孙大章：《中国古代建筑史》（第四卷、第五卷），中国建筑工业出版社 2001 年版。

[21]　高丰：《中国设计史》，中国美术学院出版社 2005 年版。

[22]　夏燕靖：《中国艺术设计史》，辽宁美术出版社 2006 年版。

[23]　杭间：《中国工艺美术思想史》，北岳文艺出版社 1994 年版。

[24]　田自秉：《中国工艺美术史》，东方出版中心 2006 年版。

[25]　张显清、林金树：《明代政治史》，广西师范大学出版社 2003 年版。

[26]　北京大学历史系《北京史》编写组：《北京史》，北京出版社 1999 年版。

[27]　侯仁之、唐晓峰：《北京城市历史地理》，北京燕山出版社 2000 年版。

[28]　朱祖希：《营国匠意——古都北京的规划建设及其文化渊源》，中华书局 2007 年版。

[29]　魏向东、宋言奇：《城市景观》，中国林业出版社 2005 年版。

[30]　武云霞：《日本建筑之道——民族性与时代性共生》，黑龙江美术出版社 2005 年版。

[31]　彭一刚：《建筑空间组合论》，中国建筑工业出版社 1994 年版。

[32]　林志宏：《世界遗产与历史城市》，（台湾）商务印书馆 2011 年版。

[33]　蒲震元:《中国艺术意境论》,北京大学出版社 1995 年版。

[34]　徐千里:《创造与评价的人文尺度》,中国建筑工业出版社 2001 年版。

[35]　涂光社:《势与中国艺术》,中国人民大学出版社 1990 年版。

[36]　郑宏:《城市整体艺术设计学:一门亟待建立的前沿学科》,载《北京规划建设》,2004 年第 4 期。

[37]　温家宝:《关于城市规划建设管理的几个问题》(在中国市长协会第三次代表大会上的讲话摘要),载《人民日报》,2001 年 7 月 25 日。

[38]　程孟辉:《现代西方美学》,人民美术出版社 2001 年版。

[39]　陈李波:《城市美学四题》,中国电力出版社 2009 年版。

[40]　魏林:《城市美学四论》,西南大学出版社 2009 年版。

[41]　刘锋杰:《审城市之美:中国美学研究的新支点》,载《安徽师范大学学报》(人文社科版),2004 年 5 月。

[42]　翁剑青:《城市公共艺术》,东南大学出版社 2004 年版。

[43]　刘玉华:《从美学角度分析城市公共艺术设计的传承与创新》,武汉理工大学出版社 2007 年版。

[44]　〔英〕克利夫·芒福汀、〔英〕泰纳·欧克、〔英〕史蒂文·蒂斯迪尔:《美化与装饰》,韩冬青、李东、屠苏南译,中国建筑工业出版社 2004 年版。

[45]　金广君:《当代城市设计探索》,中国建筑工业出版社 2010 年版。

[46]　金广君:《图解城市设计北京》,中国建筑工业出版社 2011 年版。

[47]　陈正勇、杨眉、朱晨:《建筑园林艺术对西方的影响》,人民出版社 2012 年版。

[48]　金学智:《中国园林美学》,中国建筑工业出版社 2006 年版。

[50]　邓福星:《艺术前的艺术》,山东文艺出版社 1987 年版。

[51]　成复旺:《中国古代的人学与美学》,中国人民大学出版社 1992 年版。

[52]　王蔚:《不同自然观下的建筑场所艺术——中西传统建筑文化比较》,天津大学出版社 2004 年版。

[53] 李诚:《营造法式》,人民出版社 2007 年版。

[54] 梁思成:《清式营造则例》,清华大学出版社 2006 年版。

[55] 梁思成:《清工部工程做法则例图解》,清华大学出版社 2007 年版。

[56] 刘道广、许旸、卿尚东:《图证考工记》,东南大学出版社 2012 年版。

[57] 〔芬兰〕尤嘎·尤基莱托:《建筑保护史》,郭旖译,中华书局 2011年版。

[58] 〔美〕卡斯滕·哈里斯:《建筑的伦理功能》,华夏出版社 2002 年版。

[59] 李泽厚:《美学三书》,商务印书馆 2006 年版。

[60] 张敬淦:《北京规划建设五十年》,中华书局 2001 年版。

[61] Serge Salat:《城市与形态》,香港国际文化出版有限公司 2013 年版。

[62] 熊梦祥:《析津志辑佚》,北京古籍出版社 2001 年版。

[63] 赵其昌主编:《明实录北京史料》,北京古籍出版社 1995 年版。

[64] 徐溥等纂修:《大明会典》,国家图书馆出版社 2001 年版。

[65] 张廷玉等撰:《明史》,中华书局 2011 年版。

[66] 于敏中等编纂:《日下旧闻考》,北京古籍出版社 2000 年版。

[67] 孙承泽纂:《天府广记》,北京古籍出版社 2001 年版。

[68] 周家楣、缪荃孙等编纂:《光绪顺天府记》,北京古籍出版社 2001年版。

[69] 徐松撰、李健超增订:《增订唐两京城坊考》(修订版),三秦出版社,2006 年版。

[70] 张勃:《北京建筑艺术风气与社会心理》,机械工业出版社 2002 年版。

[71] 吴良镛:《中国建筑与城市文化》,北京:昆仑出版社 2009 年版。

[72] 陈梦雷、蒋廷锡:《钦定古今图书集成·考工典营造篇》,华中科技大学出版社,

[73] 董鉴泓:《中国城市建设史》,中国建筑工业出版社 2005 年版。

[74] 梁思成、陈占祥:《梁陈方案与北京》,辽宁教育出版社 2005 年版。

[75] 张散:《古人笔下的北京风光》,中国旅游出版社 1992 年版。

[76] 王振复:《中国建筑的文化历程》,上海人民出版社 2000 年版。

[77] 张驭寰:《中国城池史》,百花文艺出版社 2003 年版。

[78] 联合国教科文组织世界遗产中心等:《国际文化遗产保护文件选编》,文物出版社 2007 年版。

[79] 〔日〕今道有信:《东西方哲学美学比较》,李心峰等译,中国人民大学出版社 1991 年版。

[80] 刘炜:《城市的个性之道》,载《安徽建筑》,2001 年第 5 期。

[81] 崔唯:《城市环境色彩规划与设计》,中国建筑工业出版社 2006 年版。

[82] 吴东平:《色彩与中国人的生活》,团结出版社 2000 年版。

[83] 〔奥〕卡米诺·西特:《城市建设艺术:遵循艺术原则进行城市建设》,仲德昆译,东南大学出版社 1990 年版。

[84] 吴祥忠:《城市环境艺术设计创新的探索》,载《南京工程学院学报》(社会科学版),2004 年。

[85] 张旻浮:《郑宏:城市规划本来就需要艺术设计》,载《中华建设报》,2012 年 10 月 15 日。

[86] 薛凤旋、刘欣葵:《北京:由传统国都到中国式世界城市》,社会科学文献出版社 2014 年版。

[87] 严肃编:《北京市街巷名称录》,群众出版社 1986 年版。

[88] 王国华编著:《北京城墙存废记》,北京出版社 2007 年版。

[89] 李经国编撰:《谢辰生先生往来书札》,国家图书馆出版社 2012 年版。

[90] 张松、李文墨:《俄罗斯历史城市的保护制度与保护方法初探——以圣彼得堡为例》,见《城市时代,协同规划——2013 中国城市规划年会论文集》,2013 年。

[91] 吴妍、马建章:《历史文化名城圣彼得堡城市特色与保护经验研究》,载《城市发展研究》,2012 年第 7 期。

[92] 田野:《从城市设计角度再看圣彼得堡》,载《科技信息》,2011 年第 4 期。

[93] 〔丹〕斯坦·埃勒·拉斯穆森:《城镇与建筑》,韩煜译,天津大学出版社 2013 年版。

后　记

　　城市是一尊艺术设计作品，人们对于世界的解释往往以各种设计形式在城市中得到艺术地体现。但长期以来，城市设计的艺术主导地位却始终未得到明确认定。随着新时期城市经济的快速发展，艺术与城市设计的关系以及对于城市环境的作用愈来愈被淡化，这为城市历史文脉的传承带来了难以预料的隐患。

　　本书是根据笔者的博士论文整理而成，由于城市艺术设计主题的宽泛与涉及内容的繁杂，致使写作过程颇为漫长和艰辛，但我始终坚持最初的选择，努力以不同方法、从不同角度探究城市设计的艺术属性以及对于历史文脉传承的作用，力争展现出研究成果的资料价值、理论价值和应用价值，并期望这项研究能为解决当代城市建设问题起到有益的作用。

　　这本书能够出版，首先要感谢中央编译出版社及贾宇琰主任的支持，使我又多了一个表达观点的机会。

　　感谢我的导师董雅教授，导师开阔的视野、敏锐的思维和严谨的治学态度给了我极大的帮助和深远的影响。

　　感谢天津大学建筑学院的同学翟楚夏博士、刘启明博士和孙锐博士对我多方面的支持和帮助，祝他们学业有成、工作顺心。

　　感谢一直默默支持我的父母和所有支持与鼓励我的亲人和朋友。

　　最后感谢并将此书献给与我共同经历快乐与艰辛的妻子严师和儿子蔡亦非，有了他们的支持和帮助，我才能坚持并有所收获。

蔡　青
2016 年 8 月于北京大钟寺太阳园